中国地震局重大政策理论与实践问题研究课题
"我国地震抗灾能力指数研究"（CEAZY2019JZ09）

河南省高等学校哲学社会科学重大基础研究项目
"我国社区综合抗灾能力评价研究"（2021JCZD04）

河南省重点研发与推广专项
"河南省大中城市防灾减灾支撑体系建设研究"（222400410001）

中国地震抗灾能力指数研究

邓国取 等著

中国社会科学出版社

图书在版编目（CIP）数据

中国地震抗灾能力指数研究/邓国取等著．—北京：
中国社会科学出版社，2022.8
ISBN 978-7-5227-0754-9

Ⅰ.①中… Ⅱ.①邓… Ⅲ.①地震灾害—灾害防
治—指数—研究—中国 Ⅳ.①P315.9

中国版本图书馆 CIP 数据核字（2022）第 145855 号

出 版 人	赵剑英
责任编辑	李庆红
责任校对	刘 娟
责任印制	王 超

出 版	中国社会科学出版社
社 址	北京鼓楼西大街甲 158 号
邮 编	100720
网 址	http：//www.csspw.cn
发 行 部	010-84083685
门 市 部	010-84029450
经 销	新华书店及其他书店

印 刷	北京君升印刷有限公司
装 订	廊坊市广阳区广增装订厂
版 次	2022 年 8 月第 1 版
印 次	2022 年 8 月第 1 次印刷

开 本	710×1000 1/16
印 张	12.75
插 页	2
字 数	201 千字
定 价	69.00 元

凡购买中国社会科学出版社图书，如有质量问题请与本社营销中心联系调换
电话：010-84083683

前　言

2022 年春节，与往年一样，我只在大年初一休息了一天，大年初二继续工作，据说大年初一不能太辛苦，否则辛苦一整年。其实是早已习惯了工作状态，停下来还不知道做什么，除了坚持打羽毛球，别的还真不知道干什么？另外一个最重要的原因是这部专著原本计划 2021 年出版，但因为日常行政事务消耗了大量的时间和精力，又赶上学科建设等重要事情的影响，就一直拖到现在，好在 2021 年学院拿到了管理科学与工程的一级学科博士授权点和国家一流本科专业建设点，算是弥补了部分遗憾。到了 2022 年，专著出版的事情无论如何不敢再拖了，否则实在是没办法给中国地震局一个交代，因为当初的承诺是一定要兑现的。

2019 年 8 月偶尔查看到中国地震局网站，看到了当年《中国地震局 2019 年重大政策理论与实践问题竞争性课题申报公告》，但在课题指南中发现没有适合自己的课题，原本准备放弃这次申报，但转头一想，自己是否可以自拟题目申报呢？本人从读博开始一直关注农业巨灾风险问题，辛勤耕耘了 20 多年，期间获批了 2 项国家社科基金（含 1 项重点）和省部级项目（3 项重大），出版 3 部专著，发表 50 多篇论文，获得了省部级一等奖和二等奖 3 项。近几年来，我开始关注抗灾能力评价和建设问题，因为抗灾能力建设是新时期我国社会治理领域面临的新课题，事关人民群众生命财产安全，事关社会和谐稳定，是衡量执政党领导力、检验政府执行力、评判国家动员力、彰显民族凝聚力的一个重要方面，对于推动社会主义现代化建设和中华民族的伟大复兴等具有重大的意义。先后申请获批了河南省高等学校哲学社会科学基础研究重大项目和河南省社科规划课题等，开展了社区和农业抗灾能力评价和建设研究，完成了 2 份研究报告，提交了 2 份咨政报告，发表了 5 篇相关论文。对抗灾能力问题的认识逐渐清晰，研究方法和工具不断完善。于是撰写提交了《我国地震抗灾能力指数研究》申请书。本来没有报什么希望，因为申报项目不在课题指南范围内，但在 2019 年 9 月意外地接到中国地震局的立项通知，欣喜之余，心存感激，感谢中国地震局的信任与支持！

但本课题的研究历时近两年，基本上是按照原来设计的研究技术路径来开展的，其中我的研究生李丽承担了主要研究任务，她也在此基础上，完成了自己的毕业论文，顺利毕业。李丽同学是我被动接收的一名研究生，尽管天赋不错，但她十分勤奋和刻苦，是我带的研究生中最勤勉的一个，没有之一。从地震抗灾能力指数体系和模型设计、数据收集和整理到报告撰写无不凝聚了课题组成员的聪明智慧和辛苦付出，包括我的研究生孟婧、陈虎、王思琦和王梦田等都参与了本著作的撰写工作。

中国地处欧亚地震带和环太平洋地震带之间，地震频度高、强度大、分布广、灾害重。中华民族的灾害史也是一部长期与地震灾害抗争的历史，新中国成立以来，在防震减灾规划的指导下，防震减灾事业取得了巨大的成就。中国正处在中华民族伟大复兴和世界百年未有之大变局的关键时期，需要分析发展环境深刻复杂变化给防震减灾工作带来的新机遇新挑战，深入思考新形势下中国防震减灾理论与实践。本书以中国地震抗灾能力指数为研究对象，聚焦地震抗灾能力指数评价体系和模型，对中国地震抗灾能力进行评价和分析，从国家、区域和典型省份三个层面提出了地震抗灾能力建设策略，为中国地震抗灾能力建设提供理论参考依据，希望以此助力中国经济高质量发展、建设和谐社会。

邓国取

2022 年 2 月 2 日

目　　录

第一章 绪论

第一节 选题背景

地震作为一种人类无法避免且无法预警的自然灾害，给人们生产生活和社会和谐稳定带来巨大冲击。加快地震抗灾能力建设对于推动我国经济高质量发展、构建和谐社会意义重大。

一 地震灾害风险是全球共同面对的难题

据瑞士再保险公司历年 Sigma 研究报告中的数据显示，21 世纪以来全球平均每年发生地震（Ms≥5.0）6764 次，比 20 世纪末增长了16.4%；其中中国平均每年发生地震（Ms≥5.0）43 次，环比增长25%[①]。据统计，伤亡最大的 50 余起灾害中，由地震导致的人口伤亡约占 60%。其中，中国有 379771 人因地震灾害而遇难，此外，地震灾害还易引发次生灾害，给灾区带来二次冲击，这些问题给顺利开展地震灾害应急救援工作和灾后重建工作带来重重阻碍，可见地震灾害风险是全球共同面对的难题。

二 地震灾害长期并深刻地影响中国社会经济的可持续发展

中国发生的地震约占全球的三分之一，给人们的生产生活造成了极大地影响。21 世纪以来，我国因地震灾害造成的直接经济损失超过11365 亿元，其中 2008 年"5·12"汶川地震造成的经济损失超过8000 亿元，占当年国内生产总值（Gross Domestic Product，GDP）的

---

① Swiss Re Group：Swiss Re's 2020 Annual Report，http://www.swissre.com，2021.

2.67%，是名副其实的巨大灾害。中国因地震造成的损失远不止此，1976 年"7·28"唐山地震、2010 年"4·14"青海玉树地震、2014 年"2·12"新疆于田地震等大地震造成的直接经济损失均占地震爆发当年国内生产总值总量的 10‰以上，有的地震损失甚至远远超过这一数值，地震给我国经济发展带来了不可忽视的影响。

三　中国积极实施地震灾害综合防灾减灾战略

改革开放以来，随着国家综合防灾减灾战略的实施，中国抗灾体制机制更加完善，综合防范能力明显提升。《地震灾害风险防治体制改革顶层设计方案》提出："我国下一阶段灾害风险治理的主要目标是建设'韧性社会'、提升灾害风险防御能力，以地震灾害风险防治领域存在的突出问题为第一导向，以地震灾害风险防治为主线，坚持预防为主，把自然灾害风险和损失降至最低。"①

从古至今地震灾害对我国经济和社会影响极其深远。虽然目前中国地震综合防范能力明显提升，防震减灾工程不断完善，但在建立完善的地震灾害保障体系、增强地震抗灾能力方面任重道远。自然灾害发生次数的日渐增多使得分析当前我国发展环境变化给抗灾能力建设带来的新机遇、新挑战和深入思考新形势下，我国抗灾能力建设理论与实践变得刻不容缓。在我国抗灾能力建设的历史进程中，现行的抗灾能力建设理论亟须拓展，目前我国学界尚未厘清抗灾能力的内涵，缺乏综合性抗灾能力度量工具和手段，无法准确刻画我国的抗灾能力和水平，因此，很难科学和系统地制定抗灾能力建设策略。

第二节　研究目的和研究意义

一　研究目的

本书以中国地震抗灾能力指数为研究对象，旨在设计一套中国地

---

① 中国地震局震害防御司：《地震灾害风险防治体制改革顶层设计方案》，https：//www.cea.gov.cn/cea/zwgk/5500823/5503089/index.html，2019 年 12 月 4 日。

震抗灾能力指数体系和模型，为衡量中国地震抗灾能力提供新的思路和方法。研究目的可概括如下。

（一）构建中国地震抗灾能力指数

本书旨在设计一套地震抗灾能力指数体系和模型，构建中国地震抗灾能力评价理论研究范式，丰富和发展中国抗灾能力指数研究理论，为中国地震抗灾能力建设探索新的模式和途径。

（二）评估中国地震抗灾能力，为中国地震抗灾能力建设提供策略

中国地震抗灾能力指数为科学评估中国地震抗灾能力提供思路，通过对中国地震抗灾能力指数进行评价与分析，刻画中国地震抗灾能力水平，发现中国地震抗灾能力建设存在的问题，通过精准施策，有效提升中国地震抗灾能力水平，推动中国经济持续发展和韧性社会建设。

二　研究意义

（一）理论意义

1. 促进学科交叉、实现研究整合

中国地震灾害理论研究主要集中在地理学、地质学、环境科学等理工科范畴。随着抗灾能力内涵的逐渐丰富，抗灾能力研究趋向于多学科理论交叉和研究相互渗透的特点。地震抗灾能力研究除了充分体现地质学、灾害学等学科知识外，还重视基于灾害学、管理学、行为经济学等众多其他学科领域的研究，实现学科交叉，相互借鉴，充分共享研究成果。

2. 建构一般理论范式，指导具体实践

中国目前所面临的地震抗灾形势十分复杂和严峻，我们只有将重心前移，通过开展地震抗灾能力指数研究，构建地震抗灾能力指数理论范式，从被动的撞击式反应到主动的超前性管理。

（二）应用价值

1. 提升中国地震抗灾能力，促进社会稳定和经济持续健康发展

通过对中国地震抗灾能力指数进行评价和分析，我们可以发现中国地震抗灾能力存在的不足，以便精准施策，有效提升地震抗灾能力，守住人民生产生活的安全防线，进而促进社会稳定和经济持续健康发展。

2. 总结"中国经验",提炼"中国模式"

总结中国地震抗灾能力建设,提炼中国地震抗灾能力建设模式,为中国地震抗灾能力建设提供宝贵意见,同时为其他国家(地区)提供"中国经验"和"中国模式",为全球地震抗灾治理贡献"中国智慧",促进全球地震灾害治理。

第三节 国内外研究综述

一 地震灾害

地震灾害被称为百害之首,一直以来在灾害学研究中占据半壁江山。关于地震灾害的研究主要集中在基础理论研究、地震灾害机制机理研究、地震灾害损失评估研究、地震灾害风险分散研究等方面。地震灾害的基础理论研究集中在以下三个方面:决策论、概率论和数理统计。近年来新出现的灾害风险工具和方法中,基于模糊数学理论的模糊系统风险分析方法最具实用价值;国内外对地震灾害风险评估和预测的研究相对比较丰富(Coble et al.,1996;Goodwin、Mahul,2004;Perrings、Stern,2000;陈晓利等,2007;韩佳东等,2019;刘培玄等,2019),研究方法也逐步趋同。地震灾害的经济发展影响研究自 20 世纪 80 年代开始进入既研究由地震灾害引起的社会经济影响,又考虑在地震灾害发生期间社会经济条件(Manyena et al.,2015;谷洪波、李澄铭,2019)、微观经济发展影响研究(Udry,1994;周丹、王建飞,2018)和宏观经济发展影响研究(Rasmussen,2004;孟永昌等,2015)三个领域。

地震灾害风险分散管理一直是该领域的研究重点和难点。地震灾害风险分散有传统巨灾风险分散方式(William,2012;Carpenter et al.,2001;耿志祥、孙祁祥,2016)和非传统巨灾风险分散方式(ART)。地震灾害风险分散模式目前主要有三种:第一种是美国的市场运作、政府监管的"单轨制"模式,第二种是墨西哥提出的个人参与和公私合作模式,第三种是日本的区域性共济组合模式。地震灾害风险分散管理的关键是巨灾风险分散机制建设，国内学者的观点主要集中在整体性巨灾损失补偿机制（姚庆海、毛路，2011；庹国柱，2013）、多层次的巨灾风险保障体系（丁少群、王信，2011；李德峰，2008）、多元化巨灾风险分散机制（刘毅、柴化敏，2007；谭中明、冯学峰，2011）和巨灾风险分散共生合作机制（邓国取等，2017）四个方面。

二　抗灾能力

随着极端气候事件的发生频率不断增加，危害程度不断加深，自然灾害风险持续增长（Bruneau et al.，2012），气候变化和自然灾害已经影响并将持续影响人类社会的可持续发展（李香颜等，2017）。在这种背景下，抗灾能力逐渐成为国际上关注的焦点，许多国际组织和气候计划都将其纳入其中，抗灾能力的概念也随之不断丰富（Townshend et al.，2015；Thirawat et al.，2017；Carola、Florian，2017）。关于抗灾能力（Disaster Resilience），国内外学者进行了较多的探讨，其研究经历了从物理力学到生态学领域，再从生态学到社会、环境领域，最后到灾害学领域的过程。大量学者基于不同的研究视角从以下三个方面进行了合理的尝试性探讨。

（一）抗灾能力的概念

抗灾能力是从"恢复力（Resilience）"这一概念演化而来，随着恢复力概念的延伸，表现出逐渐向抗灾能力过渡的趋势。Holling（1973）将恢复力这一概念引入生态学领域，认为恢复力是生态功能在遭受外力破坏后渐渐恢复至平衡状态的一种能力；后来，Timmerman（1981）将这一概念引入社会、环境科学领域，将恢复力与脆弱性联系起来，认为恢复力是系统遭遇灾害事件冲击并从中恢复的能力，由此恢复力开始被运用到灾害学领域。2002 年，联合国国际减灾署（United Nations Office for Disaster Risk Reduction，UNDDR）将恢复力定义为衡量系统或社区抵抗或适应自然灾害的能力。现有大多数文献也将其称为抗灾能力，且有研究结论表明二者已经基本趋同。[1] 抗

---

[1]　Parker D. J.，"Disaster Resilience-A Challenged Science"，*Environmental Hazards*，Vol. 19，No. 1，2020.

灾能力是对自然灾害表现出的一种抗逆力，不仅强调系统或组织的内在特质，还侧重于衡量其灾害适应能力、灾后恢复能力以及从灾情中学习等的一种综合能力。[①]

（二）抗灾能力特征

关于抗灾能力特征的研究目前还比较少，Holling（1973）认为抗灾能力具有灵活性、动态性、传播性、开放性、异构性等特征；费璇等（2014）认为抗灾能力具有应对措施多样性、机构体制有效性、接受环境不确定性、非平衡的系统状态、规划和备灾、学习能力六项特征。总体来看，抗灾能力特征逐渐呈现多元化趋势。

（三）抗灾能力测量

抗灾能力难以用定量的方法进行精确的测量，目前理论界对于抗灾能力尚未形成统一的评价标准。从已有资料来看，国外学者对抗灾能力的测量主要采用了指标体系的思想（Tong et al.，2012；Antwi-Agyei et al.，2012；Kim et al.，2015；Araya-Muñoz et al.，2016；Chang、Shinozuka，2014），具体方法包括脆弱性分析（Roder et al.，2017）、抗灾指数分析（Marzi et al.，2018；Patel、Gleason，2012）、情景分析（Mayer，2019）等。

国内在抗灾能力测量方面的研究也比较多，主要集中在区域抗灾能力测量方面。唐波等（2013）以珠江三角洲17个城市为研究对象，利用贡献权重模型，对其自然灾害抗灾能力进行了测量；王艳和张海波（2017）在指出抗灾能力来源的基础上，对拥有较强抗灾能力的系统所具有的特征加以描述，从系统多样性、结构去中心化、组织网络化和社会资本四个方面对抗灾能力进行测量；闫绪娴等（2014）利用投影寻踪聚类方法对我国抗灾能力进行测量和差异分析。

三 地震抗灾能力

在国际减灾十年（International Decade for Natural Disaster Reduc-tion，IDNDR）活动、国际减灾战略（International Strategy for Disaster

---

[①] 邓国取、李丽、邓楚实：《基于 ND-GAIN 的河南省抗灾能力评价研究》，《安全与环境工程》2020 年第 3 期。

Reduction, ISDR）相继实施的大背景下，国内外学者兴起了研究地震抗灾能力的新一轮热潮。地震抗灾能力主要集中在定性研究和定量研究两个方面。

（一）定性研究

经过多年定义上的争论，以及抗灾能力联盟和联合国国际减灾战略（United Nations International Strategy for Disaster Reduction, UNIS-DR）对生态、社会和制度抗灾能力解释的融合,[①] 抗灾能力这一概念在政策和管理等方面具有的价值已为大家接受和认可，但地震抗灾能力研究仍停留在概念层面上。地震抗灾能力的度量研究还非常薄弱，如 Kankanamge 等（2020）以澳大利亚为例，利用社交媒体进行了应急管理（EMA）实证调查，采用受欢迎度、承诺度、病毒性、参与度和利用率五项指标评估各种社交媒体渠道在灾害管理中的参与程度；Bernauer 和 Betzold（2012）发现非政府组织在制定和执行环境政策和机构方面发挥着日益重要的作用。非国家行为者越来越多地参与到环境治理当中，民间社会则通过提供信息和合法性来帮助政府达成更有效和民主的协议；Regan 等（2019）提出在抗灾能力联盟的理论领域和国际减灾战略的应用领域仍面临着相同的问题：抗灾能力衡量、测验和标准化仍未有突破性进展。通常定性研究更加重视对地震抗灾能力重要性和影响因素的研究，在提高社会、组织、社区和个体的抗震能力上，也有一定的说服力和可操作性。

（二）定量研究

专家指出了定量测量地震抗灾能力的必要性，认为地震抗灾能力定量研究有助于增强地震抗灾能力，为减灾决策提供科学依据；并提出地震抗灾能力由技术、组织、社会和经济，四个相互联系的维度空间组成简称 TOSE 维度空间，具有稳健性（Robustness）、快速性（Rapidity）、冗余性（Redundancy）和智能化（Resourcefulness）四个属性（4R），为地震抗灾能力测量提供参考；Betzold 和 Weiler

---

① ISDR Secretariat, Living with Risk: A Global Review of Disaster Reduction Initiatives, Geneva: SPREP PUBLICATION, 2002.

（2017）引入经济学可计算一般均衡模型（Computable General Equilibrium Model），定义了对个体、市场和区域宏观经济的非平衡态以及它们与抗灾能力的关系，并比较分析了可计算一般均衡模型、投入产出模型（Input‑Output Model）、社会收支矩阵（Social Accounting Metrics）等模型用于灾害影响和政策响应的优缺点。张维佳等（2013）通过经验模型系统验证了地质灾害伤亡人数与地震烈度之间的关系，得出烈度对人员伤亡有显著影响，并测量了汶川地震灾区的抗灾能力水平；庙成和丁明涛（2017）利用熵值综合指数法，对芦山和鲁甸地震所在区域的抗灾能力进行了评价，分析了这两个区域地震震级相似但损失差异明显的原因。

四　抗灾能力指数

在众多评价工具中，指数作为一种更为强大的工具能够将更复杂的技术数据归纳为专家和非专家都能理解的数据形式。随着人们越来越关注抗灾能力的测量，抗灾能力指数研究也随之增加。采用参与式多标准决策分析工具，国外学者研究和开发了抗灾能力指数。地区层面的抗灾能力指数研究相对较少（Arameet al.，2013；Arianna et al.，2021）；在社区层面的研究方面，学者主要从可持续、弹性、生计性等理论框架出发，构建社区抗灾能力指数，并进行了实证研究（Gary et al.，2002；Emma et al.，2008；Kaynia et al.，2008；Tim et al.，2013；Steve et al.，2013；Susan et al.，2014）。在此基础上，Joseph（2009）从灾害管理减灾、备灾、应对和恢复四个阶段和应对灾害的社会、经济、物质和人力四类资本出发，构建了社区抗灾能力理论框架，设计了社区抗灾能力指数（Community Disaster Resilience Index，CDRI），并以美国墨西哥湾沿岸社区为例进行了检验、识别和分析。抗灾能力规划和灾后应急管理要求政策制定者和机构领导人做出艰难的决定，决定在分配有限资源时应优先考虑哪些高危人群。Constantine 和 Awais（2018）通过制定一个统一的、多因素的抗灾能力指数应对紧急情况和灾害的发生，同时对社区灾后恢复进行基准测试；在国家层面的研究，目前只有美国圣母大学（University of Notre Dame，UND）开发了关于抗灾能力的全球适应指数（Notre Dame Global Adaptation Index，ND-GAIN），该指数从脆弱性和准备性两个一级指标和九个二级指标进行评价，运用模型计算指数得分。自 1995 年起，每年都会根据各国抵御自然灾害的能力及对自然灾害变化的适应能力，发布全球适应指数，对各个国家进行排名。其目的在于指导私营和公共部门决策者对弱势群体进行投资，并协助其做出决策。

五　评价

目前，关于抗灾能力的研究正处在发展阶段，虽然近些年专家学者对自然灾害的发生越来越关注，关于抗灾能力研究的文献量逐年增加。但中国抗灾能力研究仍处在起步阶段，既没有建立更加全面、系统的综合抗灾能力评价模型，也没有针对某一灾种建立完整的抗灾能力指标体系。因此，有必要深入探索中国抗灾能力测量工具。

抗灾能力指数是能够将复杂的技术数据归纳为人们更容易理解的一种数据形式。尽管社区层面的抗灾能力指数的研究较为丰富，但地区层面的抗灾能力指数研究较少，特定灾种的抗灾能力指数研究也不多见，因此，开展中国抗灾能力指数研究十分必要。本书在厘清中国抗灾能力指数构建理论的基础上，试图以中国地震抗灾能力为研究对象，研制中国地震抗灾能力指数，系统评价中国地震抗灾能力，分析中国地震抗灾能力指数情况及其演变规律，指出中国地震抗灾能力存在的问题，通过精准施策，推动中国地震抗灾能力建设。

第四节　研究方法、技术路径和研究内容

一　研究方法

（一）文献研究法

文献研究法是撰写论文的一种基本研究方法。通过搜集并整理相关文献，了解抗灾能力的研究现状，为本书研究打下坚实的理论基础。本书主要通过学校电子图书馆数据库搜集和下载相关文献资料；地震的相关知识主要来自中国地震局官网、百度、谷歌（Google）等搜索引擎。对文献、电子资料的研究整合，一方面对地震抗灾能力相

关理论有了深入了解；另一方面为本书的科学性和理论性奠定基础。

（二）规范分析和实证分析相结合

规范分析方面：本书遵循地震抗灾能力评价理论的基本范式，结合灾害经济学和风险管理学等其他学科研究成果，研究和设计中国地震抗灾能力评价体系和模型。实证方面：本书主要运用相关性分析、主成分分析、自然断点分类法、面板数据计量模型、指数研究等方法，刻画中国地震抗灾能力现状，分析中国地震抗灾能力演变规律。

（三）比较分析法

一是历史比较。运用地震抗灾能力模型，评价中国地震抗灾能力指数，比较不同历史时期的中国地震抗灾能力演变情况，发现其规律。二是典型地区之间比较。研究各地区、各省（市、区）地震抗灾能力指数，比较各地区、各省之间的地震抗灾能力，总结其经验和启示。

二　技术路径

如图1-1所示，本书基于相关理论，结合灾害数据库和统计年鉴数据，对中国地震抗灾能力指数展开研究。首先，从地震及地震学、地震活动分布与板块构造、全球地震活动分布以及中国地震活动分布等方面进行了相关内容的基本介绍，根据历年来的相关灾害数据，对中国地震灾害的时空分布特征进行了相关描述，并分析了地震灾害对经济社会发展的影响，同时介绍了中国地震减灾事业成效及问题。其次，以地震灾害系统理论为基础，中国防震减灾政策及条例作为参考依据，构建地震抗灾能力指数指标体系，依托相关分析方法设计地震抗灾能力指数。最后，构建地震抗灾能力指数模型，通过对中国地震抗灾能力指数进行评价和分析，有针对性地提出中国地震抗灾能力提升策略。

三　研究内容

本书以中国地震抗灾能力指数为研究对象，旨在设计一套中国地震抗灾能力指数评价体系，为科学评价中国地震抗灾能力提供新的方法和手段，为丰富中国地震抗灾能力评价理论，提升中国地震抗灾能力，促进社会稳定和经济持续健康发展贡献力量。本书共分为十章。

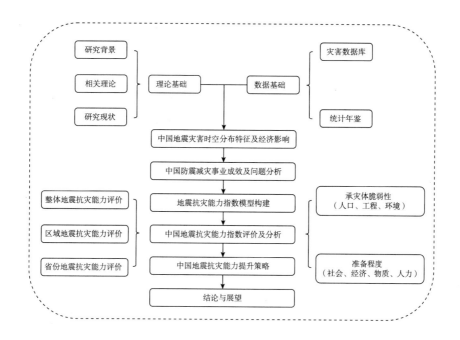

图 1-1 中国地震抗灾能力指数研究框架

第一章绪论。在概述本书的研究背景、研究目的及研究意义的基础上，本章对国内外地震抗灾能力研究进行文献综述，对本书的技术路线、研究方法和研究内容等进行介绍。

第二章地震阐述。主要介绍了地震和地震学相关内容，同时介绍了地震活动分布与板块构造以及全球地震分布和块体构造，最后介绍了中国的地震分布与块体构造。

第三章地震灾害及风险。主要介绍了地震灾害相关内容，从地震灾害的定义、特点、分类进行了阐述。同时对于原生灾害、次生灾害和诱发灾害三大灾害分类进行了阐述。最后介绍了地震灾害风险以及风险管理。

第四章地震抗灾能力指数基础理论。主要介绍了地震形成机理、灾害系统理论和抗灾能力相关理论。内容包括中国地震灾害相关理论和地震参数有关规定，灾害系统理论和抗灾能力相关的概念，以及现有抗灾能力指数研究的常用方法，并阐述了与抗灾能力相关的一些基本概念，包括恢复力、脆弱性、暴露性、适应能力等。

第五章中国地震灾害时空特征分析及其经济影响。其一，本章从时间角度对中国1949—2019年地震现状进行分析，从地震发生频次、地震人员伤亡、直接经济损失等角度进行地震时间特征分析。其二，本章从空间角度对中国地震地区分布特征分析，系统刻画中国地震灾害分布特征及其损失情况。其三，探讨地震灾害对中国经济发展的影响，利用中国2004—2018年地震灾害次数及直接损失数据，在对面板数据处理的基础上，运用固定效应模型，研究中国地震灾害对经济发展的影响。

第六章中国地震减灾事业成效及问题。本章对中国地震减灾事业进行了相关介绍，然后对其成效进行了评价，并对现阶段存在的问题进行概述。

第七章中国地震抗灾能力指数体系构成。本章基于基础理论，结合地震灾害系统和中国抗震减灾法律规定，对中国地震抗灾能力研究范畴进行界定。[1] 本书以全面系统地评价中国地震抗灾能力水平为目标，系统梳理国内外现有抗灾能力评价体系，主要包括美国圣母大学的全球适应指数、美国国家科学院（NAS）的抗灾能力评估框架、关键基础设施（CI）抗灾能力评估指标等国内外有影响的指标体系，比较各自的优缺点，结合中国具体地震灾害情境，构建地震抗灾能力体系指标备选库，运用相关性分析与主成分分析等方法，进一步提炼中国地震抗灾能力指标：一是国家（区域）在面临地震灾害时承灾体自身的脆弱程度；二是国家（区域）为应对地震灾害所做的准备程度。三是，建立地震抗灾能力指数模型。通过参考美国圣母大学全球适应指数等国内外抗灾能力指数模型，新模型结合地震抗灾能力评价指标体系，进行模型优化，设计中国地震抗灾能力指数模型（China Earthquake Resilience Index，CERI），用来度量中国地震抗灾能力。

第八章中国地震抗灾能力指数评价与分析。其一，评价。在总结

---

[1]　国务院办公厅：《国家综合防灾减灾规划（2016—2020年）》，http://www.gov.cn/zhengce/content/2017-01/13/content_5159459.htm，2017年1月13日。

和提炼 2 个一级指标和 7 个二级指标的基础上，设定 21 个脆弱程度三级指标和 14 个准备程度三级指标，在查阅现有文献的基础上，将数据库获取的数据与实施调研获取的数据相结合，运用熵权法处理指标权重，通过指数模型计算，度量我国国家层面、区域层面（华北、东北、华东、中南、西南、西北）和地区层面（省、直辖市、自治区）的地震抗灾能力指数，以此刻画中国地震抗灾能力水平。其二，分析。采用折线图、柱状图、地震抗灾能力矩阵、区划图等可视化工具，分析我国不同地区的地震抗灾能力情况，探讨我国在应对地震灾害方面存在的不足，为提出地震抗灾能力建设策略提供参考。

第九章中国地震抗灾能力提升策略。其一，根据中国整体地震抗灾能力指数得分，从国家层面出发，本章提出地震抗灾能力提升战略。其二，通过分析中国六大区域地震抗灾能力指数，借助雷达图进行可视化分析，本章发现中国各区域地震抗灾能力方面存在的问题，并根据各区域地理特征及其自身情境，精准施策，提出地震抗灾能力提升策略。其三，从地区层面，对各省（市、区）地震抗灾能力指数进行分析，并以四川省、云南省和陕西省为例，本章有针对性地提出地区地震抗灾能力提升策略。

第十章结论与展望。

第五节　创新点

本书的创新点主要有以下两个方面。

1. 构建中国特色地震抗灾能力指数体系和模型

在厘清中国抗灾能力指数构建理论的基础上，坚持理论与实际相结合的原则，将灾害系统理论与中国地震灾情和防震减灾政策相结合，构建中国特色地震抗灾能力指数体系和模型。

本书通过借鉴国内外抗灾能力评估方法，以中国地震抗灾能力指数为研究对象，构建一套符合中国特色的地震抗灾能力指数体系和模型，丰富中国抗灾能力指数理论。其一，理论与实践相结合。本书将具体理论与中国地震灾害受损、防御、应急等实际情况相结合，指出中国地震抗灾能力建设主要在于降低承灾体脆弱性和提升地震防御准备程度。其二，根据《国家综合防灾减灾规划（2016—2020 年）》等政策思想，本书明确中国地震灾害主要用于人口、建设工程等方面，地震损失主要涉及人员伤亡和建设工程倒塌、损毁等。[①] 本书在此基础上，对中国地震抗灾能力研究范畴加以界定，搭建中国地震抗灾能力指数研究框架，旨在全面系统地评价中国地震抗灾能力水平。通过认真梳理国内外现有抗灾能力评价体系，包括美国圣母大学的全球适应指数模型、美国国家科学院的抗灾能力评估框架、关键基础设施抗灾能力评估等，结合中国地震灾害情境，本书构建中国地震抗灾能力指数体系和模型。本书在厘清中国抗灾能力指数构建理论的基础上，试图研制抗灾能力指数，系统评价中国抗灾能力，分析中国抗灾能力指数时空分布特征及其演变规律。

2. 系统评价中国抗灾能力，推动中国抗灾能力建设

依据中国地震抗灾能力指数计算结果，从国家层面、区域层面（华北、东北、华东、中南、西南、西北）和省份（省、市、区）三个层面对中国地震抗灾能力指数进行评价分析，本书探讨中国地震抗灾能力七个方面的基本表现情况，精确刻画中国地震抗灾能力建设存在的问题，指出需要优先改进的环节，按照"战略思维、问题导向、补齐短板、精准发力"的总体思路，通过精准施策，为中国抗灾能力建设提供策略。

[①] 国务院办公厅：《国家综合防灾减灾规划（2016—2020 年）》，http：//www.gov.cn/zhengce/content/2017-01/13/content_5159459.htm，2017 年 1 月 13 日。

第二章　地震概述

第一节　地震及地震学

发生在中国境内的地震约占全球地震总数的三分之一，地震的发生往往会造成大量人员伤亡和巨大经济损失，此外，它引起的次生灾害会给受灾地区带来二次伤害。目前中国因地震丧生的人数已有379771人，因地震造成的直接经济损失更是超过11365亿元。因此，有必要对地震这一突发性自然灾害进行研究，了解地震发生的机制，找出中国地震抗灾能力存在的问题，以便通过精准施策，推动中国地震抗灾能力建设，减少地震造成的人员伤亡和经济损失。

一　地震

我们生活的地球分为三层，中心层是地核，中间层是地幔，外层是地壳，地壳岩层受力后快速破裂错动，引起地表振动或破坏就叫地震。地震灾害损失程度取决于地震强度、震源深度、震中位置等指标，并非所有的地震都能形成自然灾害。一些震级较小的地震通常不能被人感知到，致灾程度也微乎其微。描述地震危险性的参数主要有地震的震级、地震烈度等。

（一）地震类型

从广泛的定义上讲，地震就是地面的震动，那么能够产生地面震动的就是地震吗？机械设备产生的地面震动，甚至车辆产生的地面震动都是地震吗？按照地震的定义，这些都可以称为地震，只是在大家的概念里面，地震没有那么简单。为了能够把不同类型的地震区分开来，本书主要从地震成因、震源深度、地震发生的位置以及地震产生的时代等几个方面对地震进行了细分。

1. 根据地震成因进行的划分

人工地震：就是人为采取一定手段造成的地面震动，前文提到的机械和车辆引起的地面的震动都属于这一类，除此之外，各种类型的爆炸、爆破也属于这一类型。诱发地震：是因人类的某些活动引发的地面震动，它包括矿山开采产生的地震，水库蓄水、放水产生的地震，油田注水、压油产生的地震等。人工地震和诱发地震与人类的活动和行为有关系，所以我们又将这两种类型的地震称为非天然地震。第三种类型的地震，就是我们常说的对人类造成很多危险的地震，也就是天然地震。天然地震是非人为因素产生的地震，因此具有突发性，世界各地每天发生的地震多是这类地震。

根据天然地震的成因又可分为构造地震、火山地震、陷落地震、陨击地震，后三种类型的地震在自然界发生的次数很少，发生最多的是构造地震。构造地震的特点是震源较浅，发震次数较多，因此，该类地震的影响范围较为广泛，它的发生常常会造成人员的伤亡和经济的损失等。

2. 根据地震的震源深度进行划分

按照震源深度可以分为浅源地震、中源地震和深源地震。对于这类划分方法，在浅源地震上限方面，不同学者有不同的看法，Ferrand 等（2017）将浅源地震的深度上限定为 30 千米，John（2009）和 Deseta（2014）将浅源地震的上限定为 50 千米，邵同宾和嵇少丞（2015）则将上限定为 60 千米。本书则按照中国地震局给出的地震划分，将震源深度小于 60 千米的称为浅源地震，震源深度大于 300 千米的称为深源地震，两者之间的称为中源地震。[①]

3. 根据地震发生的位置划分

在板块学说的基础上，根据地震发生的位置可以将地震分为板间地震和板内地震。板间地震的特点是，发震地点较为集中，发震次数

---

① 中国地震局公共服务司：《地震的分类》，https：//www.cea.gov.cn/cea/dzpd/dzcs/5537272/index.html，2020 年 5 月 9 日。

较多，但是地震的强度不高，且震源的机制比较简单。顾名思义，板间地震多发生于板块的交界处。板内地震的特点是，发震地点相比板间地震较为分散，发震次数较少，但是该种类型的地震的危害性较大，与板间地震相比，这类地震的发生机制则较为复杂。

4. 根据地震的时代进行划分

除了前文几种地震分类方法之外，我们还可以按照地震发生的时代不同，将地震划分为使用现代地震仪器记录的现代地震，和发生在人类历史时期通过地质学等手段确定的古地震。

根据不同的划分标准，地震还有很多其他的分类方式，如按照震级大小、与震中的距离大小以及正常人在安静状态下的感觉来对地震进行分类。在此，本书不再一一详细介绍。

（二）震级

震级是用来衡量地震大小的，也就是说地震的大小是与地震级数数字大小相对应的，震级数字越大代表着地震越大。就像我们向平静的湖面扔一块石子，石子越大，产生的波纹和传播范围越大；相反，石子越小，产生的波纹越低，传播的范围越小。

Richter 是最早提出震级概念的人，他的灵感来自天文学为星星划分等级的方法，1935 年他发明了一个公式，用一种专门的短周期地震仪记录的地震波形来计算地震大小，但是该公式只适用 600 千米范围内的地震记录，所以用这一公式计算的震级称为近震震级，或地方性震级，也就是里氏震级。

地震震级最大是 10 级，目前发生的震级最大的是智利的 9.5 级地震（按矩阵震级计算得出），因为地震震级是依靠检测台站的地震记录进行计算得到的，所以地震监测台站的数据越多，测得的震级越准确。使用数个近距离地震台站的记录，初步算出震级，然后再获得更多数据，剔除差别大的数据，通过统计平均进行震级修正。[①]

中国震级衡量标准通常采用国际通用震级标准—Ms 分级表。根

---

① 中国地震局公共服务司：《地震震级》，https：//www.cea.gov.cn/cea/dzpd/dzcs/5537275/index.html，2020 年 5 月 9 日。

据中国防震减灾术语的基本术语规定（GB/T18207.1—2008），中国地震等级可划分为 6 个（见表 2-1），分别为极微震、微震、小地震、中等地震、大地震和特大地震。

表 2-1 地震等级划分

等级	极微震	微震	小地震	中等地震	大地震	特大地震
震级（Ms）	Ms<1.0	1.0≤Ms<3.0	3.0≤Ms<5.0	5.0≤Ms<7.0	7.0≤Ms<8.0	8.0≤Ms

资料来源：中国地震局：《地质灾害科普知识——地震的震级与烈度》，https://www.cea.gov.cn/cea/xwzx/zyzt/4635391/4635398/4838641/index.html，2018 年 10 月 10 日。

（三）地震烈度

同一次地震在不同地方破坏程度是不一样的，有些地方房倒屋塌；有些地方房屋出现裂缝，但是并没有倒塌；有些地方只是大家感觉到地震了，却没有出现房屋受损的情况。

地震专家们通过每次地震后现场考察总结出的经验发现，一次地震破坏的情况往往是震中附近的破坏最重，距离震中越远破坏越轻，不同地点的破坏程度可以进行归类和比较。于是，科学家们就想到，要寻找一个指标，将不同的破坏程度通过这个指标进行归类，并可将不同破坏程度进行比较，这个指标就是地震烈度，简称为烈度，这个烈度的烈就是剧烈的烈，烈度也就是表示剧烈的程度。

地震烈度一般习惯用罗马数字表示，我国于 20 世纪 50 年代制定了中国地震烈度表，采用了 12 度划分的原则，其中，不同烈度带来的感官程度也有差异：Ⅰ度到Ⅴ度主要以人的感觉为主，Ⅵ度到Ⅹ度以房屋震害为主，Ⅺ度、Ⅻ度则通常需要专家评定。

地震烈度值与地震的大小、震中距大小、地震震中的深度以及地震影响的具体地点的地质、地层、地形、地貌等条件都有关系。特别是具体地点的这些特点，可能会使某个区域出现违反常规规律的烈度值，也就是可能在高烈度的区域出现低烈度的数值，在低烈度的区域出现高烈度的数值，这种现象我们称为烈度异常现象。

地震烈度的大小与地震对地表的破坏程度有关，地震的破坏程度与这个地点的地震破坏的力量大小相关。根据牛顿第二定律，地震破坏的力量大小与这个地点因地震产生的地表运动的加速度值成正比。于是，地震专家们研制了专门用来测定地震地表加速度值的仪器——地震烈度仪或者地震加速度仪。[①]

（四）地震前兆

地震本身是一个瞬间的过程，但在这个过程中，既有能量的积累，也有能量的释放。地震前能量释放的过程也就是地震前兆，一些地震前兆可以被各种仪器记录，但大部分前兆不能被仪器记录，或者说还没有找到有效的记录方法。据此，科学家将地震前兆分为微观前兆和宏观前兆，微观前兆是人在安静状态下感觉不到的，必须用地震监测仪器才能测量到的震前变化；宏观前兆是指人的感觉能觉察到的地震前兆，它们多在地震前的短暂时间内发生。[②]

1. 地下水异常

已经有许多学者通过研究发现地下水位变化与地震有关，1976 年 7 月 28 日唐山 7.8 级地震前，唐山人民公园和辽宁岫岩井水位均有下降（曹新来等，2007）。广西北流—广东化州 5.2 级地震前，其附近的监测井出现水位上涌现象（卢国平等，2020）。King 等（1999）通过研究，指出井水震后的水位变化与许多大的远距离和中度局部地震相关。King 等（2000）通过对记录的 1989—1999 年 16 口井的水位数据的研究，得出一些井水位的下降是大地震前兆的结论。Senthilkumar 等（2020）通过对 2001 年印度古吉拉特邦普杰和卡赫地区地震前和地震后的地下水位进行研究，在预测地震方面取得了突破。

2. 生物异常

动物是观察地震前兆的"活仪器"，Schaal（1988）和 Tributsch（1982）认为，地震发生前动物通常存在异常行为，Bhargava 等（2009）认为地震预测可以利用地震活跃地区地震发生前动物的异常

---

① 中国地震局公共服务司：《地震烈度》，https://www.cea.gov.cn/cea/dzpd/dzcs/5537278/index.html，2020 年 5 月 9 日。

② 吴宝东、魏学峰：《地震宏观前兆异常的映震机理》，《防灾技术高等专科学校学报》2005 年第 7 期。

行为来完成，因为它们比人类具有相对更强的能力，可以感知地震前可能出现的某种地球物理刺激。

3. 电磁异常

震前电磁异常是指地震前震中周围磁场发生异常变化的现象。日本最先发现地震与磁场有关，1946 年，发生 8.1 级地震的日本南海附近磁偏角变化 45°，且这个现象一直持续了半年之久。之后，1964 年 6 月 16 日，日本新潟发生 7.5 级地震后，在其附近的地磁台的磁变记录中，发现发震时磁偏角变化 2 度，这个现象一直持续了一年才恢复正常状态。Kopytenko 等（1993）的一项研究表明地震与岩石中的磁场和电场变化有关，指出 1988 年亚美尼亚地震震中 200 千米以内的一个地基观测站出现了不寻常的超低频信号，在亚美尼亚主震和一些强烈余震发生几小时之前，探测到异常超低频辐射，这与 Serebryako-va 等分析的余震序列相同。[①] 2013 年 4 月 20 日，四川芦山 7.0 级地震发生前，周围部分电磁扰动出现异常变化（刘君等，2015）。

4. 地声

地声是地球内部存在的一种基本现象，它可以反映地震发生过程中地球内部的一些物理化学信息，该领域也是地震预测研究的重要领域之一。其表现形式是地震前的一段时间，地底深处会传来声音，有的像汽车行驶的轰鸣声，有的像坦克和拖拉机的轰鸣声；有的像远处的雷声。在地声出现的很短时间内，地震就会发生。[②] Ryabinin 等（2011）证明了通过闪烁噪声光谱（Flicker-Noise Spectroscopy，FNS）对地球化学和地声数据进行相关分析可以得到与前兆相关的信息。Ryabinin 等（2012）研究了堪察加半岛地震带内深孔中的声发射，发现地声数据的非平稳因子峰值发生在地震前 29 天和 6 天。

5. 地光

地光的特点是发生地多在山区，平原较少；震时最多，震后少；

---

① Serebryakova O. N., Bilichenko S. V., Chmyrev V. M., et al., "Electromagnetic ELF Radiation from Earthquake Regions as observed by Low-Altitude Satellites", Geophysical Research Letters, Vol. 19, No. 2, January 1992.

② 武培雄：《地震前兆地声检测系统的研究》，硕士学位论文，太原理工大学，2007 年。

颜色以蓝白为主、黄色为辅（王唯俊等，2010）。除了以上几种地震宏观前兆外，还有一些其他地震宏观前兆，如气象异常、地气异常等，对这些地震宏观前兆的了解，有助于我们做好地震防御工作。

此外，除了本书提到的宏观前兆外，还有很多使用地震监测仪器才能检测到的微观前兆也可以准确地预测地震的来临，如大气中的气溶胶变化（Senol，2021）、断层线沿线土壤电导率（Naeem、Begum，2020）、谱线（Sichugova、Fazilova，2021）以及电离层中的总电子含量（total electron content，TEC）（Sharma，2021）等。

二　地震学

地震学是关于地震的科学，英语单词 Seismology 是由希腊语 Seimos（地震）和 Logos（科学）两个词组成的（万永革，2016）。地震学在更广泛的地球科学领域中占有突出地位。该门学科的研究不仅包含一些理论知识，还有对复杂介质中弹性波的传播分析、对核心—地幔边界的研究，以及对地震前兆的研究，以提高预测地震发生的精确度。除此之外，该门学科的研究还可以通过探索浅层地壳来寻找石油等。在过去的三十年里，全球定位系统（global positioning system，GPS）和合成孔径雷达干涉（interferometric synthetic aperture radar，INSAR）方法已经成为研究地震的有力武器，通过对全球定位系统资料进行分析，获得了现今中国大陆块体运动的定量结果（Wang、Shen，2020），由全球定位系统和合成孔径雷达干涉观测提供约束，反演了地震破裂断层的几何形态和破裂空间分布，等等。迄今为止，人们对于地震的发生机制和地球的内部构造有了很多了解，但关于地震和地球仍有很多方面是未知。

（一）地震学研究内容

地震学主要是研究地震发生前后的一些现象，以便人们能够清楚地认识地震的发生机制，了解地球内部的构造等一些关于地震和地球的信息。地震学发展到现在，其目的已不仅仅是防御地震，还是现阶段中国经济建设和国防建设中非常重要的一门应用学科。

1. 地震调查

所谓地震调查是指对发生的地震进行研究和分析，对于地震的调查是初步了解地震不可或缺的一步，而地震要素信息，就是通过地震调查得来的。当然对于地震还有深入的调查，以了解地震产生的原因，从而帮助地震多发区的人们做好防震、抗震工作，或精准预测地震等。

Hassanzadeh（2019）对经历 2003 年伊朗巴姆地震的 396 人进行了访谈调查，采用交叉制表分析计算每类人口损失的概率，并应用地理信息系统（geographic information system，GIS）中的点密度分析来识别整个研究区域内人口损失的空间分布，还进行了威尔科克森符号秩检验、均方根误差（root mean square error，RMSE）、均值绝对误差（mean absolute error，MAE）和模糊推理系统分析，来测量统计空间结果与实际地震数据的有效性。Lorenzo（2018）对 2016 年 8 月 24 日意大利中部发生的阿马特里切（Amatrice）地震所涉的 196 座教堂进行了损害评估，旨在确定损害机制并计算每个结构的损害指数。

2. 地震区划

地震区划是指根据国家标准对发震地区的危险等级等进行确定，以明确告知人们地震的危险性大小。对于地震的区划，有不同的手段，最常用的是根据统计方法进行划分，也就是根据地震发生的频次来进行地震带的区划。当然也有采用别的方法进行地震区划的，如地质学方法等。

3. 地震预报

地震学对于地震研究的一个非常重要的目标就是精准预测地震的发生，在地震发生前做好抗震、防震和群众疏散工作。在过去五十年中，地震已成为自然灾害导致死亡的主要原因之一。科学家们不断努力地了解地震的物理特征以及物理危害与环境之间的相互作用，以便在地震发生之前发出适当的警告。然而，地震预报并非易事，可靠的预报应包括分析和指示重大地震到来的信号。不幸的是，这些信号在地震发生之前很不明显，因此在地震分析中检测出这种前兆是具有挑战性的。

现阶段，学者们从多个层次的不同角度来进行地震预测研究，Yousefzadeh 等（2021）介绍并研究了空间参数对四种机器学习（machine learning，ML）算法性能的影响。他将支持向量机（support vector machines，SVM）、决策树（decision tree，DT）和浅层神经网络（shallow neural networks，SNN）这些传统方法的性能与当代深度神经网络（deep neural networks，DNN）方法的性能进行了比较，用于预测即将到来的大地震震级。Rafiei 和 Adeli（2017）提出了一种基于地震活动指标的地震早期预警系统（earthquake early warning system，EEWS）模型，称为地震早期神经网络预警系统，用于基于机器学习概念的分类算法（coordinate attention，CA）和数学优化算法的组合，用于预测地震震级及地震发生前几周的位置。Asim 等（2018）将地震指标与基于遗传规划（genetic programming，GP）和迭代分类算法（AdaBoost）的集合方法（GP-AdaBoost）相结合，提出了一种地震预测系统（EP-GPBoost），并以阿富汗兴都库什，智利和美国南加州地区为例进行实验，由于遗传规划和迭代分类算法的强大搜索和增强功能的结合，地震预测系统在地震预测方面取得了显著进步。Hao 等（2022）结合混沌理论和径向基函数神经网络，提出一种混沌径向基函数神经网络的预测模型，通过地球自然脉冲电磁场信号进行底层强度趋势预测，该模型可以拟合实际信号强度的波动趋势，与传统的径向基函数模型相比，有效降低了预测误差，有助于研究强震前地球自然脉冲电磁场信号的特征，能为地震前的电磁异常监测做出贡献。

4. 地震物理

地震的发生基本上是一个物理过程。包括地震发生造成的区域应力场变化、地震发生时释放的能量，以及地壳与地幔的形变方式等。

目前，学者已经从不同角度对地震发生而引起的物理变化进行了研究。Huang 等（2020）建立了一种综合光谱元素法（spectral element method，SEM）Newmark 模型，在区域尺度上直接模拟复杂地形中的三维波场，同时考虑关键模型因素的 Newmark 滑动位移分析了相关的滑坡，研究了地震对滑坡的影响。Qu 等（2022）基于尺度边界有限元法（scaled boundary finite element method，SBFEM），提出一种模拟地震波在三维无界介质中传播的直接时域方法，该方法在远场的可靠仿真、近场的灵活网格生成和地震激发的简单公式方面具有吸引力。基于弹簧摩擦隔离系统，Wei 等（2021）研究了滤波对各种弹簧常数、摩擦系数和包络函数的地震响应的影响。Martinez 和 Hey（2022）对北大西洋对比海脊系统的地幔布格异常（mantle bouguer a-nomaly，MBA）进行研究，认为海洋盆地的偏移脊变换结构是板块构造最突出的表现形式之一。

（二）地震学应用

地震学所研究的一些地震原理，或者预测地震的手段和方法等，不仅可以帮助加深人们对于地震的理解，提高人们的抗震防震意识，减少因地震造成人员伤亡和经济损失，还可以用来做一些地震之外的探测，比如，通过地震学的原理寻找地下石油，以及一些矿物。同时利用收集到的与地震有关的数据，还可以研究地球内部的构造——软流层、地壳、地幔等，研究地震前兆，对地震进行精准预测，等等。总之，关于地震学的应用不仅仅局限于地震一方面，还可以应用到其他有关的研究中，帮助科学进步，促进社会发展。

（三）地震学研究意义

对于地震的研究起源于人们对地震的防御，其发生的过程蕴含着地球的某些内部信息，可以帮助科学家们获取研究地球的第一手资料，因此，现阶段对于地震学的研究主要有两方面的意义。

了解地震的发震机制明白地震产生的原因，提高中国对地震的预测能力，最大限度地降低地震造成的人员伤亡和经济损失。中国是世界上发生陆地地震最多、遭受损失最大的国家。首先，中国平均每年发生 5 级及以上地震 43 次，因地震而丧生的已有 379771 人；其次，21 世纪以来，中国因地震灾害造成的直接经济损失超过 11365 亿元，其中 2008 年"5·12"汶川地震造成的经济损失超过 8000 亿元，占当年国内生产总值的 2.67%。频发的地震不仅影响人类的生命和财产安全，对社会的发展也有着深远影响。这使得快速、准确的地震预报变得更为紧迫，也提醒新一代科研人员必须运用新的思维去探索地震灾害的先兆探测和地点预测。

地震的发生过程是短暂的，但是其在震前或震后所给出的地球的信息是不可预估的，收集地震发生时的第一手资料，有助于科学家做进一步的研究，通过对地震所蕴含的信息的研究和分析，更详细地了解地球内部的信息。

（四）地震学发展

相比于化学、物理学或地质学等较早开始发展的学科，地震学是一个年轻的学科，然而在其发展的一百年里，地震学在地震观测技术、观测布局以及观测数据的管理和共享等方面都取得了一定的进步。

1. 地震观测技术提高

在地震学发展的近百年里，地震观测技术有了质的飞跃，尤其是数字地震仪的使用，使地震的监测和记录的准确性大大提高，最重要的一点是，数字地震仪使科学家们能够更加方便地运用计算机进行科学计算。中国的数字地震仪问世较晚，虽帮助中国在地震监测方面实现了从模拟记录到数字记录的提升，但是与国际上的数字地震仪相比，仍存在很大不足，主要表现在数据记录上，不如国际标准地震数据精准。因此在今后很长一段时间内，中国地震学领域的学者们仍需要致力于地震仪器的改进，以提高地震监测数据的精确性，使中国的地震数据资料也能被应用到地震学研究的其他领域，如石油探测和矿物开采等。

2. 地震观测布局的改善

为了更好地研究地震的发震机制，以及地球的内部构造，各个国家都建立起了专门的地震研究机构。如法国在世界范围内建立了三维探地雷达（geoscope）台网，美国在全球范围内建立了美国地震学研究联合会（Incorporated Research Institutions for Seismology，IRIS）台网，等等。各个国家都根据自身的发展和实际需要，已经建立或正在建立相应的地震台网或者是成立相关项目。中国在 1987 年建立了中国数字地震台网（CDSN），自此无论是在地震监测能力方面，还是地震的监测水平方面都有了很大提高。但是由于中国起步较晚，发展较慢，与世界发达国家相比，差距依然很大。所以，在以后的发展中，中国应加大对地震台网的建设投资，促进中国的地震监测能力发展，将其提高到国际平均水平。另外，也要更多启动像大陆岩石圈地震台阵研究计划（program for array seismic studies of the continental litho-sphere，PASSCAL）的研究项目，这对于中国的地震监测水平提高是非常有必要的。

3. 地震观测资料的科学管理和数据共享

一次地震的发生，往往伴随着大量数据的产生，而中国是个地震多发的国家，近十年的年平均地震次数为 37 次，地震监测产生的数据是海量的，而且与地震有关的各个部门可能都要用到这些地震数据，因此对地震相关数据的管理就显得尤为重要，科学管理才能便于科研人员合理运用，这也是地震监测仪器获取地震监测数据的意义所在。

第二节 地震活动分布与板块构造

一 板块构造

板块构造学说是关于地壳运动规律的学说，板块的运动对人类的生活和社会的发展有很大影响，是人为无法改变的，我们只有了解板块学说的发展起源，理解板块学说的内容，发现板块运动的规律，才能维系社会的稳定发展，保障生活环境的质量。①

（一）板块构造学说的起源

板块构造学说是在大陆漂移学说和海地扩张学说的基础上发展起来的。德国气象地质学家、地球物理学家魏格纳，通过分析大西洋两岸的山系和地层，考察大洋两岸的化石，于 1912 年首次提出大陆漂移说（Chander，2005），1915 年其代表作《大陆与大洋的起源》一书问世，在书中，魏格纳指出："中生代之前，地球表面存在一个连成一体的泛古陆，它被广阔的海洋所包围，后来，在天体引力和地球自转的离心力作用下，古代大陆分裂、漂移、重组，大陆被海洋隔

---

① 潘绍焕：《板块构造学说与地震》，《邮电设计技术》2004 年第 3 期。

开，形成了今天的海陆格局。"① 大陆漂移学说一经提出，在科学界引起巨大轰动，有人支持，也有人反对，但反对远大于支持。直到海底扩张学说的提出和板块构造学的确立，大陆漂移学说才被认可。

1960年，美国地质学家赫斯首次提出海底扩张学说（Frankel，1980），在赫斯之后，海洋物理学家获茨于1961年在海底扩张学说的基础上，讨论了大陆和洋盆的演化，因此后人将赫斯和获茨称为海底扩张学说的创始人。1963年瓦因（Frederick Vine）和马修斯（Drummond Hoyle Matthews）运用地磁场极性的周期性倒转现象，进一步证明了海底扩张这一假设，海底扩张学说使大陆漂移说重新回到人们的视野，也为板块构造学说的产生奠定了基础。

1967—1968年，美国普林斯顿大学地球物理学家摩根、英国剑桥大学地球物理学家麦肯齐和帕克以及法国地球物理学家勒·皮雄共同发表了多篇论文，其中他们基于大陆漂移理论和海底扩张理论，首次提出板块构造这一学说。板块构造理论认为，地球岩石圈不是一个整体，而是由地壳的生长边界划分为许多构造单元，如洋中脊和转换断层、海沟、构造山带、地缝合线等，这些构造单元称为板块。

总之，作为海底扩张理论的发展和延伸，板块理论的出现从另一个角度证明了大陆漂移说和海底扩张理论的成立。因此，大陆漂移学说、海底扩张学说和板块构造学被称为构造学说的"三部曲"（路甬祥，2012）。板块构造学说的形成过程如图2-1所示。

（二）地球的六大板块

勒·皮雄将全球地壳分为六大板块：太平洋板块、亚欧板块、印度洋板块、非洲板块、美洲板块和南极洲板块（吴凤鸣，2011）。这六大板块是地球最基本的板块，各个大板块又可分为规模不一的小板块，板块划分不受陆地和海洋的限制，板块可以是大陆地壳或海洋地壳，或两者兼而有之。

---

① 路甬祥：《地球科学的革命——纪念大陆漂移学说发表100周年》，《科学与社会》2012年第3期。

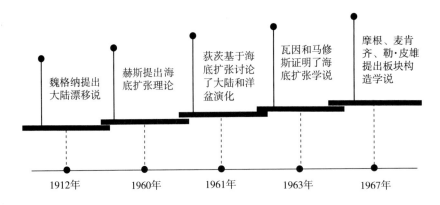

图 2-1　板块构造学确证的发展历程

资料来源：路甬祥：《魏格纳等给我们的启示——纪念大陆漂移学说发表一百周年》，《科学中国人》2012 第 17 期。

在世界上最基本的六个板块中，只有太平洋板块充满了海洋，其他五个板块则由大陆的一部分和海洋的一部分组成。各大板块都在不断运动，其中太平洋板块主要是太平洋（包括美国南加州海岸），欧亚板块包括北大西洋的东半部、欧洲和亚洲（包括中南半岛，不包括阿拉伯半岛和印度半岛），非洲板块包括非洲、南大西洋东半部，美洲板块包括北美、北大西洋西半部和格陵兰岛、南美洲和南大西洋西半部，印度洋板块包括阿拉伯半岛、印度半岛、澳大利亚、新西兰和部分印度洋，南极板块包括南美洲以西的太平洋和南极洲。

（三）产生地震的位置

简单地说，板块分界线处就是地震活动频繁的地带。具体地说，地震位于：

1. 中脊和中脊两侧。

2. 大陆分裂带及其两侧。这两个地方地质构造简单，地震带狭窄，均为浅源地震（0<H≤60km），震级小。

3. 地缝合线处，这里地质构造复杂，周围主要是浅源地震，偶有中源地震。

4. 俯冲带的 45° 俯冲面处。这里地质构造复杂，地震带广，有浅、中、深地震（潘绍焕，2004）。

二　地震活动分布

全球每年发生大大小小的地震约 500 万次，地震的频次高，但是我们能感觉到的地震却只有 5 万次左右，而在这 5 万次有感地震中，只有 0.2% 的地震会给人们的生活带来灾难。

2011 年至今，全球发生 218 次 7 级及以上的地震。在这十年中，2011 年的地震频次最高，共发生 49 次 7 级以上地震，远大于全球年平均 7 级以上地震的发生次数。2017 年的发震频次最低为 7 次，2019—2021 年全球 7 级以上地震的发震频次呈现上升的趋势。

（一）2021 年全球地震活动分布

2021 年全球共发生 6 级（含）以上地震 112 次，其中 7 级（含）以上地震 19 次（见表 2-2），8 级（含）以上地震发生一次，为 2021 年 7 月 29 日美国阿拉斯加以南海域发生的 8.1 级地震。

表 2-2　　　　　2021 年全球 7 级以上地震统计

发震时间	纬度（°）	经度（°）	深度（km）	震级（M）	参考位置
2021 年 1 月 24 日 07∶36∶51	-61.70	-55.60	10	7.0	南设得兰群岛
2021 年 2 月 10 日 21∶19∶59	-23.05	171.50	10	7.4	洛亚蒂群岛地区
2021 年 2 月 13 日 22∶07∶50	37.70	141.80	50	7.1	日本本州东岸近海
2021 年 3 月 4 日 21∶27∶32	-37.41	179.50	10	7.3	新西兰北岛海域
2021 年 3 月 5 日 01∶41∶20	-29.73	-177.67	10	7.2	新西兰克马德克群岛
2021 年 3 月 5 日 03∶28∶32	-29.51	-177.04	10	7.8	新西兰克马德克群岛
2021 年 3 月 20 日 17∶09∶46	38.43	141.84	60	7.0	日本本州东岸近海
2021 年 5 月 22 日 02∶04∶11	34.59	98.34	17	7.4	青海果洛州玛多县
2021 年 7 月 29 日 14∶15∶46	55.40	-158.00	10	8.1	美国阿拉斯加以南海域
2021 年 8 月 13 日 02∶32∶50	-57.21	-24.81	50	7.6	南桑威奇群岛
2021 年 8 月 14 日 19∶57∶42	55.30	-157.75	10	7.0	美国阿拉斯加以南海域
2021 年 8 月 14 日 20∶29∶07	18.35	-73.45	10	7.3	海地地区
2021 年 8 月 18 日 18∶10∶05	14.79	167.04	100	7.0	瓦努阿图群岛

发震时间	纬度(°)	经度(°)	深度(km)	震级(M)	参考位置
2021 年 8 月 23 日 05：33：21	−60.55	−24.90	10	7.0	南桑威奇群岛
2021 年 9 月 8 日 09：47：50	17.12	−99.60	30	7.1	墨西哥
2021 年 10 月 2 日 14：29：18	−21.10	174.95	530	7.2	瓦努阿图群岛
2021 年 11 月 28 日 18：52：11	−4.50	−76.70	100	7.3	秘鲁北部
2021 年 12 月 14 日 11：20：24	−7.60	122.20	80	7.3	弗洛勒斯海
2021 年 12 月 30 日 02：25：52	−7.75	127.60	200	7.5	班达海

资料来源：中国地震台网中心国家地震科学数据中心，http：//data. earthquake. cn。

（二）2021 年全球地震活动特点

1. 全球地震活动频次增加、强度增强

2021 年全球共发生 7 级（含）以上地震 19 次（见表 2-2），其中 8 级（含）以上地震有 1 次，为 7 月 29 日美国阿拉斯加以南海域发生的 8.1 级地震。全球 7 级（含）以上地震强度较强，浅源地震有 14 次，占 7 级（含）以上地震总数的 73.68%，发震频次与 2020 年和 2019 年相比显著增加，不及全球 7 级（含）以上地震的年均发震频次。2021 年美国阿拉斯加以南海域发生的 8.1 级地震，打破了近三年来全球 8 级（含）以上地震的平静期，地震强度增强。

2. 全球 7 级地震空间集中，分布在澳大利亚板块东北边界

2021 年发生的地震有 14 次为浅源地震，占 7 级（含）以上地震总次数的 73.68%。从地理分布上来看，19 次 7 级（含）以上地震的发震位置，大多为环太平洋地震带，在澳大利亚板块东北边界上呈集中分布，2021 年这一区域共发生了 8 次 7 级（含）以上地震。

3. 全球 7 级地震发震时间不均匀，呈现平静—活跃交替的分布特点

2021 年 1 月 1 日至 3 月 31 日，全球共发生 7 级（含）以上地震 7 次，后续 4 月 1 日至 6 月 30 日仅发生了 1 次 7 级（含）以上地震，相较于第一季度来讲，第二季度的地震活跃程度较为平静。7 月 1 日至 9 月 31 日，全球共发生 7 次 7 级（含）以上地震，由第二季度的

地震平静期转为地震活跃期。10 月 1 日至 12 月 31 日，全球又发生了 4 次 7 级（含）以上地震，相比于第三季度发生 7 次 7 级（含）以上地震，第四季度的 7 级（含）以上地震频次有所减少，但地震强度仍不容忽视。因此，在 2021 年这一年内，全球 7 级（含）以上地震的发震时间分布不均匀，且呈现出平静—活跃交替的发震特点。

4. 中国大陆发生 7 级地震但周边比较平静

2021 年中国共发生 1 次 7 级（含）以上地震，为 5 月 22 日青海玛多发生的 7.4 级地震，震源深度为 17 千米，地震活动强度显度升高。但与中国大陆接壤的周边地区自 2016 年 4 月 10 日阿富汗 7.1 级和 4 月 13 日缅甸 7.2 级地震以来无 7 级以上地震发生，已持续 6 年未发生 7 级以上地震，地震活动水平较弱。

（三）2021 年中国地震活动分布

2021 年，中国境内发生 37 次 5 级（含）以上地震（见表 2-3），其中有 20 次地震是发生在大陆地区的，其余 17 次发生在台湾及其附近海域。大陆地区发生的 6 级（含）以上地震有 4 次，分别为西藏比如县 6.1 级、云南漾濞 6.4 级、青海玛多 7.4 级和四川泸县 6.0 级地震。台湾及其附近海域发生的 17 次地震中，有 2 次为 6 级（含）以上地震，分别为台湾花莲县 6.1 级和台湾宜兰县 6.3 级地震。

表 2-3　　　　　　　　2021 年中国 5 级以上地震统计

发震时间	纬度（°）	经度（°）	深度（km）	震级（M）	参考位置
2021 年 1 月 9 日 19：35：50	24.70	122.21	80	5.1	台湾宜兰县海域
2021 年 1 月 17 日 07：10：56	22.44	121.44	20	5.1	台湾台东县海域
2021 年 2 月 7 日 01：36：04	24.65	122.50	70	5.2	台湾宜兰县海域
2021 年 2 月 9 日 00：58：01	24.32	122.12	20	5.3	台湾宜兰县海域
2021 年 3 月 2 日 17：23：00	21.92	121.17	20	5.3	台湾屏东海域
2021 年 3 月 19 日 14：11：26	31.94	92.74	10	6.1	西藏那曲市比如县
2021 年 3 月 24 日 05：14：16	41.70	81.11	10	5.4	新疆阿克苏地区拜城县
2021 年 3 月 30 日 01：27：24	34.38	87.68	10	5.8	西藏那曲市双湖县

续表

发震时间	纬度(°)	经度(°)	深度(km)	震级(M)	参考位置
2021 年 4 月 18 日 22：11：39	23.92	121.53	7	5.6	台湾花莲县
2021 年 4 月 18 日 22：14：38	23.94	121.43	5	6.1	台湾花莲县
2021 年 5 月 21 日 21：21：25	25.63	99.92	10	5.6	云南大理州漾濞县
2021 年 5 月 21 日 21：48：34	25.67	99.87	8	6.4	云南大理州漾濞县
2021 年 5 月 21 日 21：55：28	25.67	99.89	8	5.0	云南大理州漾濞县
2021 年 5 月 21 日 22：31：10	25.59	99.97	8	5.2	云南大理州漾濞县
2021 年 5 月 22 日 02：04：11	34.59	98.34	17	7.4	青海果洛州玛多县
2021 年 5 月 22 日 10：29：34	34.58	97.50	10	5.1	青海果洛州玛多县
2021 年 6 月 10 日 19：46：07	24.34	101.91	8	5.1	云南楚雄州双柏县
2021 年 6 月 11 日 15：33：26	23.88	121.55	10	5.3	台湾花莲县
2021 年 6 月 12 日 18：00：46	24.96	97.89	16	5.0	云南德宏州盈江县
2021 年 6 月 16 日 16：48：58	38.14	93.81	10	5.8	青海海西州茫崖市
2021 年 7 月 7 日 19：24：58	23.88	121.66	9	5.3	台湾花莲县海域
2021 年 7 月 8 日 06：11：55	23.88	121.38	10	5.1	台湾花莲县海域
2021 年 7 月 14 日 06：52：04	23.89	121.73	10	5.8	台湾花莲县海域
2021 年 8 月 5 日 05：50：45	24.82	122.31	10	5.8	台湾宜兰县海域
2021 年 8 月 6 日 16：11：04	24.76	122.30	20	5.4	台湾宜兰县海域
2021 年 8 月 6 日 19：32：30	23.15	121.31	10	5.1	台湾花莲县
2021 年 8 月 13 日 12：21：35	34.58	97.54	8	5.8	青海果洛州玛多县
2021 年 8 月 26 日 07：38：18	38.88	95.50	15	5.5	甘肃酒泉市阿克塞县
2021 年 9 月 4 日 09：54：08	37.87	77.96	7	5.1	新疆和田地区皮山县
2021 年 9 月 5 日 01：52：08	37.79	77.85	10	5.0	新疆喀什地区叶城县
2021 年 9 月 6 日 22：00：25	23.09	122.07	21	5.2	台湾花莲县海域
2021 年 9 月 16 日 04：33：31	29.20	105.34	10	6.0	四川泸州市泸县
2021 年 10 月 24 日 13：11：34	24.55	121.80	60	6.3	台湾宜兰县
2021 年 11 月 17 日 13：54：29	33.50	121.29	17	5.0	江苏盐城市大丰区海域
2021 年 11 月 30 日 21：53：43	31.76	87.94	10	5.8	西藏那曲市双湖县

续表

发震时间	纬度(°)	经度(°)	深度(km)	震级(M)	参考位置
2021 年 12 月 19 日 07 : 54 : 28	38.95	92.73	10	5.3	青海海西州茫崖市
2021 年 12 月 30 日 14 : 47 : 07	23.90	122.50	20	5.1	台湾花莲县海域

资料来源：中国地震台网中心国家地震科学数据中心，http://data.earthquake.cn。

（四）2021 年中国地震活动特点

1. 中国大陆 7 级以上地震平静被打破

2021 年，中国发生 7 级（含）以上地震 1 次，为 5 月 22 日青海玛多的 7.4 级地震，这次地震打破了中国大陆持续约 3.8 年的 7 级（含）以上地震的平静期。在 7 级（含）以上地震平静期期间，西藏比如县 6.1 级地震，结束了中国大陆地区持续 239 天的 6 级（含）以上地震平静期，在这之后的两个月，云南漾濞发生了 6.4 级地震，青海玛多发生了 7.4 级地震，四川泸县发生了 6.0 级地震，2021 年 6 级（含）以上的地震活跃度相比 2019 年和 2020 年显著增强。

2. 多震省份地震活动差异明显

云南处于南北地震带上，是一个地震多发区。2021 年云南地区的中强震活跃度增加，5 级（含）以上地震发生了 6 次，震级最高的为漾濞发生的 6.4 级地震。2019 年，该地区未发生 5 级（含）以上地震，2020 年只发生一次 5 级（含）以上地震，与 2019 年和 2020 年相比，2021 年该地区的地震活跃度增加。此外，云南漾濞发生的 6.4 级地震打破了自 2014 年 10 月 8 日以来将近六年半的 6 级以上地震的平静期。

与云南处在同一条地震带上的青海，在 2021 年 5 级以上的地震活跃度增加。2021 年 3 月至 2021 年 8 月，青海及其周边地区西藏共发生 5 级（含）以上地震 8 次，地震活跃度增加，在这 8 次 5 级（含）以上的地震中，6 级（含）以上地震有两次，分别为 3 月 19 日西藏比如 6.1 级地震和 5 月 22 日青海玛多 7.4 级地震。2021 年发生在青海省内的 5 级（含）以上地震有 5 次，最大的为青海玛多的 7.4 级地震。2019 年青海省内仅发生一次 5 级地震，2020 年青海省内未发生 5 级（含）以上地震，相比于 2019 年和 2020 年，2021 年青海省内的 5 级（含）以上地震活动水平显著增强，且是 2011 年以来频次最高的一年。

2021 年新疆发震特点为：发生了 5 级（含）以上地震，地震的频次不高，且没有 6 级（含）以上的地震。2021 年新疆发生 5 级（含）以上地震 3 次，2020 年该地区 5 级（含）以上地震共发生 10 次，2019 年该地区 5 级（含）以上地震发生 3 次，2021 年的发震频次与 2020 年相比，显著降低，与 2019 年持平。且 2021 年 5 级（含）以上地震发震频次远低于历史平均水平。未发生 6 级（含）以上地震，震级最大的地震为新疆阿克苏地区拜城县的 5.4 级地震，6 级（含）以上地震的平静期自 2020 年 6 月 27 日到 2021 年 12 月已经持续了一年半。

3. 大陆东部 6 级以上地震平静，华东海域发生 5 级地震

中国大陆东部地区在 2021 年度无 6 级（含）以上地震发生，震级最大的一次地震是江苏大丰区海域的 5.0 级地震，2020 年东部地区 5 级（含）以上地震发生一次，2021 年 5 级（含）以上地震频次与 2020 年持平。华北、华东地区 6 级（含）以上地震平静期超过 23 年，该区域 2020 年和 2021 年连续两年均有 5 级（含）以上地震发生，近期地震活动有所增强。

第三节　全球地震分布与块体构造

全球地震分布是有关专家通过研究得到的世界地震分布带。地震集中的地区称之为地震带，据统计，世界上 85% 的地震发生在板块边界上[①]，所以地震带大多分布在板块交界处。在地震带内，地震密集；在地震带之外，地震分散。目前，世界公认的三大地震带是环太平洋地震带、欧亚地震带和海岭地震带（仇勇海，2012；袁红金、夏雅

[①] 邹剑锋：《浅谈板块构造学与地震》，《农家科技》2013 年第 9 期。

琴，2011）。

一　环太平洋地震带

环太平洋地震带主要是指以太平洋为中心的周边地区，东段始于阿留申群岛，途径阿拉斯加湾向东南经过加利福尼亚、墨西哥、哥伦比亚、厄瓜多尔、秘鲁和阿根廷进入太平洋，最后延伸到土阿莫土群岛；西段始于堪察加半岛，向西南方向经千岛群岛、日本琉球群岛、中国台湾、菲律宾、印度尼西亚，向东一直延伸到所罗门群岛、经斐济和汤加群岛，直到土阿莫土群岛与东段汇合。[①]

二　欧亚地震带

欧亚地震带以印度尼西亚为起点，经过中南半岛西部和我国的云、贵、川、青藏（喜马拉雅）地区，以及印度、巴基斯坦、尼泊尔、阿富汗、伊朗、土耳其到地中海北岸，一直延伸到大西洋的亚速尔群岛，又称地中海—喜马拉雅地震带。该地震带全长约 1.5 万千米，与环太平洋地震带相连。这一地震带上发生的地震占全球地震的 15%左右，该地震带的地震活动性仅次于环太平洋地震带，释放能量约占全球地震释放能量的 22%左右。欧亚地震带是世界上现今板内构造变形最强烈、强震活动最频繁的地区之一（赵小燕等，2007），这一地震活动带穿过亚欧大陆内部，其中段和东段的地震强度和频度又较高、较大，所以给人类带来巨大的地震灾害。

三　海岭地震带

海岭地震带（含东非裂谷地震带）是指从西伯利亚北岸靠近勒那河口开始，穿北极经斯匹次卑尔根群岛和冰岛，再经过大西洋中部海岭到印度洋的一些狭长的海岭地带或海地隆起地带，并有一分支穿入红海和著名的东非裂谷区，又称大洋中脊地震带。海岭地震带的特点是宽度很窄，一般只有数十千米，海岭地震带的地震次数虽然不少，但强度都不大，且皆为浅源地震。由于这一地震活动带最大震级一般不会超过 7 级，又发生在大西洋中，因此与其他两大地震带相比，对

---

① 张具琴：《基于分形分维的环太平洋地震时空分布特性研究》，硕士学位论文，成都理工大学，2016 年。

人类的威胁要小得多。

第四节　中国的地震分布与块体构造

地球是人类的家园,而地震的频繁发生对人类造成的损失很大,中国位于环太平洋地震带和欧亚地震带之间,因此地震频发(杨鹏,2020),20世纪,中国发生了多次强震,其中最具代表性的要数唐山大地震,这次地震使人类对地震有了更深层次的认识。除了唐山大地震,20世纪中国还发生了很多影响巨大的地震(见表2-4)。

表2-4　　　　　　　　　20世纪中国大地震统计

发震时间	经度(°)	纬度(°)	烈度	深度(km)	震级(M)	参考位置
1920年12月16日20:05	105.70	36.50	XⅡ	17	8.5	宁夏南部海原县
1927年5月23日06:32	102.80	37.60	XI	12	8.0	甘肃古浪县
1932年12月25日10:04	97.00	39.70	X	—	7.6	甘肃昌马堡
1933年8月25日15:50	103.70	32.00	X	6.1	7.5	四川省阿坝藏族羌族自治州茂县叠溪镇
1950年8月15日22:09	96.00	28.50	XⅡ	18	8.6	西藏察隅县
1966年3月8日05:29	114.55	37.21	IX	10	6.8	河北省邢台地区隆尧县
1966年3月22日16:19	115.03	37.32	X	10	7.2	河北省邢台地区宁晋县
1970年1月5日01:00	102.35	24.06	X	10	7.8	云南省通海、峨山、建水
1975年2月4日19:36	122.50	40.41	IX	16—21	7.3	辽宁省海城县
1976年7月28日03:42	118.10	39.60	XI	12	7.8	河北省唐山、丰南
1988年11月6日21:03	99.70	22.80	IX	13	7.6	云南省澜沧
1988年11月6日21:16	99.43	22.50	IX	8	7.2	云南省耿马

注:1950年西藏察隅县地震的震源深度采取美国地质勘探局(Vnited States Geological Survey,简称VSGS)。给定的数据,震级采用1983年以后修订的数据。

资料来源:中国地震台网中心国家地震科学数据中心,http://data.earthquake.cn。

中国在 20 世纪发生的几次大地震中，有三次发震位置在云南，三次在河北，甘肃有两次，宁夏、四川、辽宁和西藏各一次。这几次大震共造成 60 余万人死亡，53.7 万人受伤，直接经济损失超过193.216 亿元。因此，充分了解中国地震分布状况，有助于做好防震工作，减少人员伤亡和经济损失。

一 华北地震区

华北地震区的大致范围为北纬 30°—42°，东经 105°—128°，包括河北、河南、山东、内蒙古、山西、陕西、宁夏、江苏、安徽等省份的全部或部分地区。该地震区的地震强度和发震频次在中国大陆东部位居第一，但在中国范围内，次于西部的"青藏高原地震区"，位居第二，该地震区由于包括江苏、河北等地，而且中国首都北京位于这个地震区内，所以学界对这一地震区的关注较为广泛，研究也较多。有记录以来，该地区发生的 8 级以上地震有 6 次（见表 2-5）。这 6 次有记录的 8 级以上的地震中，震级最大的是山西洪洞发生的 8.5 级地震，其烈度也是最大的，为Ⅻ度。从时间分布上来看，这 6 次 8 级以上地震的时间间隔逐渐变短，有据可查的华北地震区最早发生的 8 级以上地震是山西洪洞 1303 年发生的 8.5 级地震，之后间隔将近 253 年发生了第二次 8 级以上地震，其后又间隔 112 年发生第三次 8 级以上地震，中间间隔时间缩短了一半，第三次和第四次 8 级以上地震的时间间隔仅为 11 年，时间间隔更短，表明该地区的地震活跃度显著增加。

表 2-5　　　　1303-2021 年华北地震区 8 级以上地震统计

发震日期	经度（°）	纬度（°）	烈度	震级（M）	参考位置
1303 年 9 月 17 日	111.70	36.30	Ⅻ	8.5	山西洪洞
1556 年 1 月 23 日	109.70	34.50	Ⅺ	8.0	陕西华县
1668 年 7 月 25 日	118.50	34.80	Ⅺ	8.0	山东郯城临沭县
1679 年 9 月 2 日	117.00	40.00	—	8.0	河北三河—平谷
1739 年 1 月 3 日	106.50	38.80	—	8.0	宁夏银川—平罗
1920 年 12 月 16 日	105.70	36.70	Ⅻ	8.5	宁夏南部海原

资料来源：中国地震台网中心国家地震科学数据中心，http：//data.earthquake.cn。

华北地震区由四个地震带组成，分别为：郯城—营口地震带、华北平原地震带、汾渭地震带、银川—河套地震带。该地区人口稠密，大城市分布集中，政治、经济、文化等各方面都较为发达，所以一旦发生地震，将会引起不可估量的经济损失，还会阻碍社会的发展。

（一）郯城—营口地震带

郯城—营口地震带包括从江苏宿迁至辽宁铁岭的辽宁、河北、山东、江苏等省的大部分或部分地区，是中国东部大陆区一条强烈的地震活动带。本地震带全长 1200 多千米，江苏境内仅为其南段的一部分。郯城—营口地震带的主要构造为郯城—庐江断裂带，它具有长期发育和多期活动的历史，新构造期活动仍十分明显。1668 年山东郯城8.5 级地震、1969 年渤海 7.4 级地震、1975 年海城 7.4 级地震均发生在这个地震带上。1990 年以来，该地震带被国家地震局列为地震危险性重点监测区。由于其承受较大的正应力和剪切应力，大地震的能量很容易积累，但很难以中、小地震的形式释放，因此该段地震烈度高，频率低。

（二）华北平原地震带

华北平原地震带，最南端是河南新乡到安徽蚌埠，最北边到燕山南边，西边则到太行山东边，东边到下辽河—辽东湾坳陷西部。该地震带向南延伸到天津的东南，途中经过济南，由济南到安徽宿州，该地震带的存在对北京、天津、唐山地区的风险最大。1679 年河北三河8.0 级地震和 1976 年河北唐山 7.8 级地震均发生在该带。

（三）汾渭地震带

汾渭地震带的最北边是宜化—怀安盆地和怀来—延庆盆地，最南边是渭河盆地，其中又包括阳原盆地、蔚县盆地、大同盆地、忻定盆地、灵丘盆地、太原盆地、临汾盆地、运城盆地，在我国的东部地区，这条地震带上发生的地震较为强烈，1303 年至 2021 年年末，华北平原地区有记录的 8 级以上地震有 6 次，而汾渭地震带就发生了两次，分别为 1303 年山西洪洞 8.0 级和 1556 年陕西华县 8.5 级地震。有记录以来，这条地震带上发生的 4.7 级以上地震有将近 160 次。

（四）银川—河套地震带

银川—河套地震带包括河套西北部的银川、乌达，以及磴口到呼和浩特以西的部分区域，1739 年宁夏银川至平罗县之间发生 8.0 级地震，死亡超过五万人。1920 年 12 月 16 日，宁夏南部连带甘肃东部发生 8.5 级地震，1996 年内蒙古包头 6.4 级地震，这些地震都发生在该地震带上。

二　青藏高原地震区

青藏高原地震区包括兴都库什山、西昆仑山、阿尔金山、祁连山、贺兰山—六盘山、龙门山、喜马拉雅山及横断山脉东翼诸山系所围成的广大高原地域。青藏高原地震区涉及青海、西藏、新疆、甘肃、宁夏、四川、云南全部或部分地区，以及俄罗斯、阿富汗、巴基斯坦、印度、孟加拉、缅甸、老挝等国的部分地区。在中国，青藏高原地震区是五个震区中发震频次最高的地震区，而且该地区地震活动最为强烈，大地震发生的频次居全国之首。

三　东南沿海地震带

中国大陆的东南沿海由于其特殊的构造背景，地震活动强度、频次均大于华南地块的内部，一般称为"东南沿海地震带"。地震带范围的划分通常以断裂走向、重力、磁场变异带、梯度带、中生代盆地边界等地质上的不连续界面作为边界。东南沿海地震带所包括的范围大致北起浙江南部，南至广东的雷州半岛、海南和广西南部，包括了福建、广东、海南的全境和浙江、江西以及广西的南部，形成一条大致与海岸线平行的相对狭长的地震带。一般以东经 114°为界，以东称为东南沿海地震带东带，以西称为东南沿海地震带西带（叶秀薇等，2013）。魏柏林等（2001）将东南沿海地震带划分出 6 条北东向地震带、8 条北西向地震带和 5 条东西向地震带。

四　南北地震带

南北地震带位于中国中部，周光等（1962）最先提出"南北地震带"一词，他在《张衡纪念册》（原兰州地球物理研究所内刊）上发表文章指出，南北地震带的范围为："东经 130°—104°，南至云南东部，经岷江北到民乐以东。"随后经过国家地震局成都地震大队

（1972）、中国科学院地质研究所（1972）以及土振声（1976）、马宗晋（1981）等的不断研究，最终确定南北地震带范围为：东界北起石嘴山，向南至个旧，西界北起昌马，向南直至瑞丽，地理坐标为：北纬21°—40°，东经98°—104°，贯穿中国中部地区，主要包括宁、甘、青、川、滇等省份，地震活动频繁（郭宁，2012）。

南北地震带地质构造较为复杂，是典型的新构造体。正是由于这条地震带地质结构的复杂性和特殊性，该地区一直是地震多发区。自1966年以来，6级以上地震的频率一直很高（见表2-6）。

表2-6　　　　南北地震带1966年以来6级以上地震统计

发震日期	经度(°)	纬度(°)	深度(km)	震级(M)	参考位置
1966年2月5日	103.06	23.06	99.9	6.5	云南昆明东川
1967年8月30日	100.18	31.36	99.9	6.8	四川甘孜州炉霍县
1970年1月5日	102.37	24.03	15	7.7	云南玉溪通海县
1973年2月6日	100.24	31.30	17	7.9	四川甘孜州炉霍县
1973年8月11日	104.06	32.54	15	6.5	四川阿坝藏族羌族自治州松潘县
1974年5月11日	104.00	28.06	—	7.1	云南昭通永善—大关
1976年5月29日	101.48	29.26	—	7.4	云南保山龙陵
1976年8月16日	98.45	24.33	15	7.2	四川阿坝藏族羌族自治州松潘县
1976年8月22日	104.06	32.41	10-20	6.7	四川阿坝藏族羌族自治州松潘县
1976年8月23日	104.15	32.62	10	7.2	四川绵阳平武县
1976年11月7日	104.05	32.29	19	6.7	四川凉山彝族自治州盐源县
1976年12月13日	101.03	27.32	9	6.4	四川凉山彝族自治州盐源县
1977年1月19日	96.36	37.30	—	6.3	青海海西蒙古族藏族自治州格尔木
1979年3月15日	101.06	23.12	10	6.8	云南普洱
1979年3月25日	97.18	32.24	—	6.2	青海玉树
1981年1月24日	101.10	31.00	12	6.9	四川甘孜藏族自治州道孚县
1982年6月16日	99.51	31.50	17	6.0	四川甘孜
1985年4月18日	102.51	25.52	9	6.3	云南昆明禄劝
1987年2月26日	91.22	38.28	—	6.1	青海海西州茫崖市
1988年11月5日	91.54	34.24	9	6.8	青海海西州唐古拉山

续表

发震日期	经度(°)	纬度(°)	深度(km)	震级(M)	参考位置
1988 年 11 月 6 日	99.43	22.50	13	7.2	云南临沧耿马—澜沧
1989 年 9 月 22 日	99.36	23.23	10	6.6	四川阿坝藏族羌族自治州小金县
1990 年 1 月 14 日	102.23	31.33	—	6.6	青海海西州茫崖市
1990 年 4 月 20 日	92.02	37.53	32	7.0	青海海南藏族自治州共和县
1990 年 10 月 20 日	103.38	37.07	—	6.2	甘肃武威天祝—景泰
1993 年 1 月 27 日	101.05	22.56	14	6.3	云南普洱
1993 年 10 月 26 日	98.40	38.40	—	6.0	青海海北藏族自治州祁连
1994 年 1 月 3 日	100.09	36.04	—	6.0	青海海南藏族自治州共和县
1994 年 6 月 30 日	93.40	32.37	—	6.2	青海唐古拉山
1995 年 7 月 12 日	99.04	21.59	—	7.3	云南孟连西
1995 年 10 月 24 日	102.19	25.50	15	6.5	云南楚雄彝族自治州武定县
1995 年 12 月 18 日	97.21	34.29	—	6.2	青海果洛州玛多县
1996 年 2 月 3 日	100.13	27.18	10	7.0	云南丽江
1998 年 11 月 19 日	100.59	27.14	10	6.2	云南丽江宁蒗
2000 年 1 月 15 日	101.70	25.35	30	6.5	云南楚雄彝族自治州姚安县
2000 年 9 月 12 日	99.30	35.18	—	6.6	青海海南藏族自治州兴海
2001 年 2 月 23 日	100.31	28.45	16	6.0	四川甘孜藏族自治州雅江—康定
2001 年 10 月 27 日	100.34	26.14	9	6.0	云南丽江永胜县
2003 年 4 月 17 日	96.48	37.42	10	6.6	青海海西蒙古族藏族自治州德令
2003 年 7 月 21 日	101.14	25.57	6	6.2	云南楚雄彝族自治州大姚县
2003 年 10 月 16 日	101.18	25.55	5	6.1	云南楚雄彝族自治州大姚县
2003 年 10 月 23 日	101.12	38.24	18	6.1	甘肃张掖民乐—山丹
2007 年 6 月 3 日	101.06	23.00	5	6.4	云南普洱宁洱
2008 年 5 月 12 日	103.24	30.57	14	8.0	四川阿坝藏族羌族自治州汶川县
2008 年 5 月 13 日	103.24	30.54	—	6.1	四川阿坝藏族羌族自治州汶川县
2008 年 5 月 18 日	105.00	32.60	—	6.0	四川绵阳江油
2008 年 5 月 25 日	105.24	32.36	—	6.4	四川广元市青川
2008 年 7 月 24 日	105.30	32.48	—	6.0	四川青川—陕西汉宁
2008 年 8 月 1 日	104.42	32.06	—	6.1	四川绵阳平武—北川
2008 年 8 月 5 日	105.30	32.48	—	6.1	四川广元市青川
2009 年 7 月 9 日	101.10	25.60	10	6.0	云南楚雄彝族自治州姚安县

续表

发震日期	经度(°)	纬度(°)	深度(km)	震级(M)	参考位置
2009 年 8 月 28 日	95.80	37.60	7	6.4	青海海西
2010 年 4 月 14 日	96.70	33.10	14	7.1	青海玉树
2010 年 4 月 14 日	96.60	33.20	30	6.4	青海玉树
2013 年 7 月 22 日	104.20	34.50	20	6.6	甘肃省定西市岷县、漳县交界
2013 年 4 月 20 日	103.00	30.30	13	7.0	四川雅安市芦山县
2014 年 5 月 30 日	97.82	25.03	12	6.1	云南德宏州盈江县
2014 年 8 月 3 日	103.3	27.10	12	6.5	云南昭通市鲁甸县
2014 年 10 月 7 日	100.50	23.40	5	6.6	云南景谷傣族彝族自治县
2014 年 11 月 22 日	101.70	30.30	18	6.3	四川甘孜康定县
2016 年 10 月 17 日	94.40	32.80	9	6.0	青海杂多县
2019 年 6 月 17 日	104.90	28.34	16	6.0	四川宜宾市长宁县
2021 年 5 月 21 日	99.87	25.67	8	6.4	云南大理州漾濞
2021 年 5 月 22 日	98.34	34.59	17	7.4	青海果洛州玛多县
2021 年 9 月 16 日	105.34	29.20	10	6.0	四川泸州市泸县
2022 年 1 月 8 日	101.26	37.77	10	6.9	青海海北州门源县

资料来源：中国地震台网中心国家地震科学数据中心，http://data.earthquake.cn；郭宁：《南北地震带具有区域特殊性的典型房屋建筑抗震性能分析》，硕士学位论文，中国地震局工程力学研究所，2012 年。

1966 年至今，6 级以上的地震，南北地震带一共发生了 66 次，这其中 6—6.9 级的地震一共发生了 53 次，占该地震带地震总次数的 80.30%，7 级以上的地震有 13 次，占该地震带上地震总次数的 19.70%，震级最大的一次地震是 2008 年四川汶川发生的 8.0 级地震，是新中国成立以来历史上最大的一次地震。这 66 次 6 级以上的地震中，在四川省内发震的有 23 次，四川省土地面积仅占全国土地面积的 5%，但发生 6 级以上地震的次数却占南北地震带地震总次数的 34.84%。云南省仅次于四川省位于第二，共发生 21 次 6 级以上地震，占该条地震带上地震总数的 32.81%。

五　总结

总的来说，中国西部地区相较于东部地区地震较为活跃。由于地震多发生在地壳薄弱以及板块的交界处，印度板块和欧亚板块的碰撞使青藏高原不断隆起，形成了一系列复杂的断裂系统，2019 年中国发生 5 级及以上地震 20 次，其中西部地区的发震频次为 17 次，2020 年中国大陆发生 5 级及以上地震 20 次，其发震地点多位于新疆和西藏地区，2021 年发生于中国大陆内部的地震有 5 次，有 3 次地震发生于新疆地区。因此，中国的西部地区发震频次要高于东部地区（姚海亮，2009），西部地区的地震主要分布于青藏高原周围，而东部的地震则主要发生在处于活跃期的大断裂带附近。

第三章　地震灾害及风险

地震频繁发生导致的灾害后果在我国表现得较为严重，中国是发生强震（Ms≥8.0）最多的国家之一，其中最主要的原因就是我国大陆板块与周边沿海地带的板块构造错综复杂，轻微的地质板块运动都有可能造成大型地震的发生。全球有两个非常大的地震带，分别是环太平洋地震带和欧亚地震带，中国恰好整体处于这两大地震带之间。太平洋板块是一个主要由大洋地壳构成的大板块，它的主体位于太平洋中。印度洋板块是一个次级的大陆板块，包括印度大陆的部分板块和整个印度洋，印度洋板块也属于印度洋澳洲板块的一部分。菲律宾海板块与太平洋板块、澳洲板块、欧亚板块和北美板块相连。中国大陆板块受到上述三大板块的共同挤压，导致中国大陆内部板块的地震断裂带分布密集。20世纪以来，共计有800次以上的强震（Ms≥6.0）发生在中国，目前除浙江省域、贵州省域和香港特别行政区的其他所有省、自治区和直辖市都发生过强震（Ms≥6.0）。据相关数据统计，全球范围内7%的土地面积在中国，全球33%的大陆强震（Ms≥6.0）也发生在中国，世界上大陆强震最多的国家依旧是中国，进一步表明我国处于一个地震灾害高风险的大陆板块。

第一节　地震灾害概述

一　地震灾害的概念

地震灾害是一种自然灾害，主要指由于地壳特殊运动而造成地面强烈的震动。地震灾害产生最主要的原因是地震发生后，巨大的地震波引起地面表层出现强烈的振动，以及由强烈振动导致地面表层出现巨大裂缝和高程度变形，对人类生命财产、社会经济发展建设和生态环境等造成的巨大损失和危害，依据地震灾害作用对象与地震振动关系的密切程度以及地震灾害的组成要素，可以将地震灾害分为由地震发生带来的原生灾害（通常被认为是直接对经济社会、人类以及自然环境造成的破坏和损害）、次生灾害和由地震诱发的间接灾害三种类型。地震原生灾害主要是指地震本身造成的破坏，例如地震发生后造成的地质层级的上下错动、由地面上升沉降而造成的房屋倒塌以及地震发生后引起人员伤亡和财产损失等；地震次生灾害主要是指由地震能量释放和地壳运动而引起的后续自然和社会相关灾害，例如地震发生后，强大的地震波会引起山体的岩石结构产生挤压变形，会造成表层土壤大幅的松动，当局部强降雨来临时，会产生山体滑坡、泥石流等恶劣的地质灾害；板块的运动会使海底产生剧烈的运动，从而产生海啸，对沿海周边城市产生严重的影响；当地震发生在城区工业较为集中的地带时，会引发工厂的化学易爆品产生爆炸等危害；同时，地震发生后，灾区生活环境严重恶化，可能引发传染病，从而造成大量人员伤亡。上述一系列自然灾害和非自然灾害对灾区会造成不可估量的损害。地震间接灾害主要是指地震后对自然和人文社会长期产生的影响作用，例如震区因地震造成经济倒退而出现社会动荡、地震造成震区地形变化而造成自然气候异常等。按照地震发生后，地震灾害带来的直接灾害影响和间接灾害影响、导致人类的生命财产遭受的损失可以分为地震直接灾害和地震间接灾害。地震直接灾害主要指由于地表的振动、地面的变形以及断层等地震直接作用所导致的灾害，包括人员伤亡、建筑物破坏，生命线工程损坏和基础设施损毁等；地震间接灾害主要是指由于地震引起的次生灾害，如堰塞湖、泥石流和滑坡等导致的损失，次生灾害会对地震救援造成阻碍，会对居民的正常生产生活产生深度影响。本研究将从地震原生灾害、地震次生灾害和地震间接灾害对地震灾害进行概述。

二　地震灾害的影响

地震灾害带给人类社会广泛而深远的影响，它的影响范围不仅涵盖社会生活的各个领域，包括对经济、政治、文化等都有着深刻的影响，同时影响社会发展的各个层面。地震灾害发生对经济社会损失的程度相较于其他自然灾害表现得更加巨大而深远。重大的地震所带来的首要灾害损失就是造成人员伤亡。地震灾害的发生，不仅危害到民众的生命安全，而且会对社会生产秩序和资源环境产生严重破坏，从而长期影响社会的发展和民众的正常生产生活。从目前的经济社会发展来看，社会致贫的重要的非人为因素之一就是地震灾害，地震灾害的巨大破坏性使地震发生区域和民众陷入贫困境地，甚至会影响人类社会发展的进程。地震灾害、次生灾害以及间接灾害对受灾家庭生产生活影响深远。地震灾害冲击家庭结构将导致两种后果，一是家庭结构完全遭到破坏，二是家庭结构受到冲击导致家庭结构不完整、形成缺员的破损家庭。这对家庭的功能产生了不利影响，对家庭的生育功能、保障人们基本生活需求功能、社会安全网和社会支持网络的需求功能等都产生一定影响。

地震灾害在很大程度上给社会秩序造成严重的冲击，引发一系列的社会问题，同时由于灾后恢复重建，以及外来援助单位的集中投放建设，会为地震受灾地区的区域经济发展带来大量的机会。其一，地震灾害是社会常态化发展进程中的阻碍，也是维持良性社会政治秩序的严重破坏力量。根据相关研究报告表明，地震灾害的发生会导致各种经济产业发展受阻，也会引发混乱的社会现象，进而在一定程度上导致犯罪增多，危害民众的个人利益。其二，在我国良性的灾后恢复重建体制和救援救灾机制下，基于政府财政资金和社会资金以及国内外捐助资金的大规模投入，短时期内各类援建资金集中投放到灾区，为灾区的基础设施建设和经济社会发展提供了强大的外部支持，也为灾区的经济发展和产业结构调整带来了广阔的提升空间。地震灾害的突发性和巨大破坏性也引发了灾区民众的不良心理反应和心理失衡等问题，这些地震灾害的间接心理伤害具有较强的扩散性。灾害过后灾区民众最直接、普遍的心理反应往往是恐惧。其形成主要有两种原因：一是天灾与人祸的双重作用，二是由于部分关系冲突等导致的灾区地方政府治理危机和资源分配的不公平，灾区民众加剧了个人的心理压力和恐惧感。有资料显示，在灾后相当长的时间里，灾区民众的恐惧、忧虑、烦躁、恐慌、痛苦等心理伤害将长期存在，这些心理问题在唐山地震、汶川地震和玉树地震等重大灾害事件中表现尤为严重。

三 地震灾害的特征

多年来，在我国发生的地震活动具有很明显的特征。首先是地震发生频率非常高，间隔的周期也很短，从而对地震高发区的居民造成了巨大的心理阴影。其次是地震震级强度大、震源深度浅，造成的损失无法估计。最后是由于我国大陆板块的地理位置分布，造成我国地震发生的分布面积广且存在独特性。20世纪以来，大约55万名中国民众在地震发生后失去了宝贵的生命，这一庞大的震后死亡人数占全球地震死亡人数总数的53%。减少地震带来的巨大灾害，最有效的手段之一就是精准的地震预报，但地震预报这一科学难题至今困扰着科学家，最主要的原因是地球内部结构极其的复杂，地震的孕育机制和地震形成原理等研究存在较大的困难。

（1）危害性

地震灾害对社会、经济、个人和生态环境等产生危害性的后果无法估量，地震发生后带来的灾害破坏性非常强，巨大的人员伤亡和经济损失不可估量，造成的社会危害也比其他灾害影响更为深远，震区和周边区域的社会生活和经济活动会受到较为严重的长期影响。由于人类基本的生产生活都在地表进行，因而地震发生后，对生产生活的方方面面影响较广，对灾区民众的心理影响也比较大。由于地壳中的岩石在长期的碰撞和挤压过程中已经变形，突然爆发的地震会使岩石无法承受巨大的压力从而发生破裂，进而造成地面建筑物和工程设施的毁坏、民众伤亡以及家畜伤亡等。地震灾害在世界上许多生态系统的结构和功能中有着重要的影响。例如，2010年智利首都圣地亚哥的强烈地震波及阿根廷，阿根廷首都布宜诺斯艾利斯出现明显震感，高层建筑出现晃动，地震还引发了全太平洋邻岸的国家发生海啸，如日本、澳大利亚和阿根廷等许多国家都做出了海啸防范措施。此外，地震发生后到了核电站的核辐射泄露以及火灾的发生。2011年日本三陆冲地震导致核电站核辐射泄漏，福岛第一核电站1号机组周边检测出铯和碘等放射性物质，对灾区居民造成了重大二次灾害。多年来，地震灾害引起的一系列灾害一直是一个研究的热点问题。由地震引起的次生灾害，如崩塌、山体滑坡、泥石流、障碍湖、洪水和火灾，同样造成了大量的经济损失，建筑遭到了前所未有的破坏和大量伤亡人员。地震发生后带来的灾害按其对人员造成的伤亡情况、给经济带来的损失程度和对社会带来的巨大影响等划分为四个等级（见表3-1）。

表 3-1　　　　　　　　　　地震灾害等级划分

地震灾害类型	地震灾害说明（发生在人口密度较高地区）	地震等级（Ms）
特大地震灾害	造成300人以上死亡，或直接经济损失占该省（区、市）上一年国内生产总值1%以上的地震	$Ms \geqslant 7.0$
重大地震灾害	造成50—300人死亡或造成一定经济损失的地震	6.5—7.0级
较大地震灾害	造成20—50人死亡或造成一定经济损失的地震	6.0—6.5级
一般地震灾害	造成20人以下死亡或造成一定经济损失的地震	5.0—6.0级

（2）不确定性

地震灾害的风险一方面指地震发生的概率，与干旱、洪涝灾害、强风暴雨雪等气象灾害相比，目前短期临时的地震预报还是世界面临的共同难题，因此预防地震发生后带来的巨大灾害变得十分困难；另一方面，灾害损失情况也因经济社会发展水平、房屋建筑的抗灾等级、人口密集程度等不同而产生显著的差异。当地震发生在经济发展水平较高的地区时，该地区的经济发展会受到重挫；当地震发生在房屋建筑抗灾等级较低的地区时，地区的工程建设的损坏以及民众的伤亡将显著提高；当地震发生在人口密度高、住房较为集中的地区时，该地区会大幅度提高人口伤亡率。因此地震发生后带来的灾害影响及后果具有高度的不确定性。

现阶段，地震不确定性的分析方法中较为常用的是概率分析方法。Cornell（1968）最早提出概率分析方法。我国现行"考虑地震活动时空不均匀性的概率地震危害性分析方法"是基于 Cornell 的理论框架，结合中国震害实际情况改进而成的中国概率地震危险性分析

（China probabilistic seismic hazard analysis，CPSHA）框架。1990 年，我国通过观察并收集地震活动时空非均匀性的分布情况，采用概率分析方法编制完成了第三代中国地震活动参数区划图。为了更加准确地对工程实体可能遭受的灾害进行评价，需要分析相关震源特征，例如地震预发生位置、地震预发生震级、地震预发生突发速率的地质与地震学信息，Coppersmith 等（1991）提出了概率法以分辩潜在震源特征。该方法明确地以不同震源特征等不确定性的度量进行不同的解释，基于对逻辑树二叉树的使用，评估各种相互关联的参数，采用灵活的方法来定量测算不确定性的分布情况。

（3）复杂性

地震灾害风险具有复杂多样性。地震灾害可能因为社会结构抵御风险的能力不同而有所区别，也可能因地震震级所产生的危害性质而产生差异。同时，地震发生后带来的灾害通常会伴随着次生灾害的发生，例如山体滑坡、暴雨洪涝产生的泥石流、水库湖泊等决堤产生的火灾、人群中烈性传播的瘟疫等自然和非自然灾害。在某些情况下，由于地震发生后，导致灾区救援救助系统的瘫痪，供水供电供粮的短缺，次生灾害造成的损害程度会超过地震直接造成的灾害损失，使地震灾害的应急救援更加复杂多变。

（4）突发性

地震发生后带来的巨大灾害是一种瞬时发生的自然灾害，一般情况下都较为突然，公众无法对地震发生前有征兆的异常现象进行意识反馈，地震发生持续时间往往只有几十秒钟，公众通常在短时间内难以应对突如其来的灾害风险，因此对社会应急能力的要求更为突出。

一般情况下，地震是在看起来非常平静的状况下突然发生的自然现象，人们事先毫无警觉，在事发前给人们造成一种错觉。实际上，地震是在地壳内应力发生变化过程中发生的，只不过因为地壳内应力的变化过于微小，人们没有感知而已。地壳板块缓慢运动，已有断层的突然破裂，地壳内其他地方的地震，海水的潮涨潮落，地球的自转、月球等天体的日常运动都会改变地壳内的原始应力，由于其变化很微小，人们对此毫无感觉，但是"触发"地震的自然现象不断被发现。地震发生后一段时间会出现间断性的余震，并且在大地震主震前往往发生多次前震。研究前震、余震的时空分布特征有助于快速并有效识别主震的短临前兆特征与获取区域构造的活动演化信息，对于有效的大地震预报十分重要。

（5）持续性

一方面，地震通常为主震和余震伴随出现，主震发生后往往会持续很长一段时间的余震，例如汶川地震后周边地区余震会持续多年，给震区民众带来巨大影响；另一方面，地震的破坏性特别强，对灾区往往造成严重打击，这就使灾区的灾后重建和恢复需要很长一段时间，这其中不仅包括了房屋等建筑的建设、社会秩序的重建，而且包括了民众精神和心理的恢复，尤其是对民众内心造成的严重心理打击，给今后地区的经济社会发展以及人文建设都带了巨大的挑战。

四　地震灾害的分类

（一）原生灾害

破坏性的大地震发生时，地面会产生剧烈的颠簸摇晃，直接破坏各种建筑物的整体结构和基础设施，造成建筑物倒塌或损坏、人员伤亡和财产损失，形成灾害。原生灾害是指地震发生后，强大的地震波冲击作用造成板块的挤压变形，从而直接产生的地面表层的破坏、各类工程建筑物的破坏及倒塌，由此而引发的人员伤亡和经济损失。如1976 年 7 月 28 日，河北省唐山市的大地震（$Ms \geq 7.8$），短时间内地震强大的破坏力就使工业城市变为废城，几百万人饱受灾害的侵蚀，经济损失超百亿元人民币。

（二）次生灾害

次生灾害指由于工程建构物的破坏而造成的二次灾害。诸如地震发生后产生的局部火源，由于救援救灾系统的瘫痪，导致大火顺势而起，无法扑灭，进而酿成火灾；由于湖泊水库等决堤引发的水灾；工厂受到地震冲击，发生毒气泄漏与扩散，引起的爆炸、放射性污染等；地震造成海底板块出现错位移动引发的海啸。有的次生灾害损失比地震直接造成的灾害更严重。

在自然环境中，一些等级较高、强度较大的地震常会引发一系列的其他灾害，造成人员和经济严重损失，很多相关研究聚焦地震引发的次生灾害事件及其动态演化。余世舟等（2003）模拟了毒气、火灾和爆炸三种次生灾害下的地理信息系统区划数值，构建数值分析模型，描述了在灾害区域内的几种次生灾害随时间和范围的动态变化过程。Yu 等（2011）采用野外观测、遥感技术与地理信息系统技术相结合的方法，对汶川地震次生地质灾害的空间分布特征进行了分析，得到了震害迹地的主要分布区域。李勇建等（2014）根据 Petri 网与马尔可夫链的同构关系，构建了随机 Petri 网模型刻画震后瘟疫事件次生灾害的演化。戴胜利和李迎春（2017）从东日本大地震案例出发，从自然环境和社会环境两方面解析了地震次生灾害的传导过程，提出管理优化策略。

2008 年汶川大地震的发生引发了大量的滑坡、泥石流、塌方等多种地质灾害，诱发了各种生态灾害的链式反应。城市地震的发生往往会引起当地城市群的一系列连锁反应，马祖军和谢自莉（2012）构建了以城市地震次生灾害演化系统为基础的贝叶斯网络，统计了 16 个国内外典型地震受灾城市相关数据，通过贝叶斯网络工具箱得出在不同应急管理水平下各次生灾害发生的概率，绘制了地震次生灾害演化路径图，结合贝叶斯网络分析城市地震灾害演化机理，借助系统动力学仿真软件针对城市地震次生灾害演化过程构建了系统动力学模型，得出在不同抗震防灾水平下可能导致的损失情况。樊芷吟等（2018）基于地理信息系统的栅格数据模型，选取影响因子，采用信息量模型和 Logistics 回归模型以及两种模型的耦合对汶川地震的次生地质灾害易发性进行评价。

（三）诱发灾害

诱发灾害是指地震引起的各种社会性灾害。例如，由于地震发生后，灾区的自然环境出现恶化，民众长期逗留在污染区，从而极易容易引发鼠疫和其他传播性疾病；供水供电等补给系统遭到破坏，造成饥荒和社会动乱；最为严重的是给民众的内心造成挥之不去的创伤等。广大农村房屋多属土、石结构建筑，抗震能力更差。据统计，地震若发生在我国工业城市及人口密度较高的城区，8 级左右或 7 级左右以及 5—6 级左右的地震所造成的经济损失分别为百亿元、数十亿元和数亿元人民币。我国是世界上最大的一个大陆地震区，其特点是：分布范围广、地震频度高、地震强度大、地震震源浅、地震危害大、地震潜在威胁大等。[①] 上述特点都会在很大程度上诱发严重的社会性灾害。

第二节　地震灾害风险

　　地震本质上是巨大能量在短时间内的瞬间释放，这种强大的能量无法估量。其本身并不是造成巨大人员伤亡和经济损失的直接原因。相关统计表明：唐山地震致使近 24.6 万人失去了生命，汶川地震致使近 9 万人遇难。[②] 地震中 90% 以上的人员伤亡和经济损失是由抗震能力较弱的建筑物不同程度的损坏和倒塌造成的。据不完全统计，在汶川地震发生后，超过 593.25 万间的房屋遭到严重损坏，546.19 万间出现倒塌，1500 万间以上的房屋受损，地震对房屋的破坏，致使灾区无家可归的人数达到 500 万人以上。[③] 各类建筑物（房屋建筑以及公共设施建设）的抗震安全问题，特别是房屋建筑的抗震安全问题，在汶川地震后再一次成为全社会关注的热点。据震后相关研究报告统计，汶川地震中学校建筑的破坏和倒塌造成的恶劣社会影响，至今难以消除，表明过去我国防灾减灾工作力度的欠缺，房屋建筑的抗震设计以及安全风险评估仍然存在严重的问题。作为城市生命线的医疗、卫生类建筑在地震中遭受到的破坏也非常严重，在造成人员和经济损失的同时，给灾区的救援工作带来了严峻的挑战。因此，对地震灾害风险进行合理有效的评估和防震减震能力建设的提升对于降低震后人

---

① 李澄铭：《地震灾害对我国西部地区农业经济的影响研究》，硕士学位论文，湖南科技大学，2019 年。
② 荆楚网：《中南海急问：震中在哪里》，搜狐网，http://news.sohu.com/20060728/n244501621.s.html，2006 年 7 月 28 日。
③ 魏本勇、苏桂武：《基于投入产出分析的汶川地震灾害间接经济损失评估》，《地震地质》2016 年第 4 期。

员伤亡和经济损失起着至关重要的作用。

一 风险

一般情况下，风险通常被认为是一定时期内在特定的一些条件下可能发生的各种结果的变动程度，风险是由某一个事件的危险概率和这一危险事件发生后所产生的后果两部分组成。国内外学术界对风险进行了很长时间的研究。有学者认为风险可以表述为某事件即将发生损失的可能性，可定义为不利事件发生的可能程度，一般用概率表述（Rosenbloom，1972；Crane，1984）。Yates 和 Stones（1992）在分析不同场景下具体风险出现的情况后，提出了由损失本身、损失严重程度以及损失的不确定程度三要素组成的风险要素理论，强调了风险是随机事件即将发生某个不利结果的可能性。而有其他学者认为风险是在一定条件下的某个时间段内未来结果发生的不确定性大小。朱淑珍（2002）在总结风险描述的基础上指出，风险是指由于发生的结果存在很大的不确定性，从而引发行为主体造成损失的严重性，同时风险也涵盖了这种损失发生的可能性。

2004 年联合国国际减灾战略项目中对灾害风险的定义是自然或人为灾害与承灾体的脆弱性之间相互作用而导致的一种有害的结果或预料损失发生的可能性。对风险定义的讨论，反映了人们对风险和灾害的认识在不断深化，相应地产生了一系列研究成果。研究成果尽管对风险和灾害风险的理解不同，但在某种程度上是高度统一的。早期，国内外风险与灾害风险的研究成果认为风险的定义有两种合理的解释：一是不利事件发生的可能性；二是不利事件造成的损失的可能性。总之，"风险"的定义因研究内容和方式方法不同而各具特征。从现阶段的研究来看，风险也有其本身的核心意义，大部分学者认为，风险从核心来讲即为事件发生的概率和其引发后果的集合，风险的程度主要包括不利事件发生的可能性及其所产生后果的严重性两方面。

二 灾害风险

灾害系统是由致灾因子、孕灾环境、承灾体和灾害共同组成的具有复杂性的系统。其中，灾害是致灾因子、孕灾环境和承灾体共同作用的产物，灾害的风险程度由致灾因子的危险性、孕灾环境的敏感性以及承灾体的脆弱性共同决定。许多学者对区域灾害系统进行了研究，认为灾害是致灾因子和承灾体这一对矛盾相互作用的结果。其中，致灾因子是形成灾害的外因，承灾体是致灾因子作用的对象，是损失的载体，是形成灾害的内因，在外因和内因的相互作用下，进而形成了灾害。在过去，灾害的形成被简单地理解为致灾因子对承灾体的单向作用，没有致灾因子就没有灾害，甚至认为致灾因子本身就是灾害。但随着研究的不断深入，对灾害风险评估而言，国内外的研究有不同的理解和描述。国际上，具有代表性的是联合国"国际减灾战略"项目中对灾害风险评估定义，认为灾害风险评估是对生命、财产和人类依赖的环境等可能带来潜在威胁的致灾因子和承灾体的脆弱性进行分析和评价，进而判定出风险的性质和范围的一种过程。史培军（1996）认为灾害风险评估有广义和狭义之分。广义上的灾害风险评估包括对致灾因子危险性的评估、孕灾环境敏感程度的评估和承灾体脆弱性的评估；狭义上的灾害风险评估就是对致灾因子及其可能造成的灾情进行概率上的估算。罗奇峰（1997）认为灾害风险评估是对特定的某一个时期内某种灾害在某一地区可能发生的概率和这一灾害发生时对人类的生命和财产构成的危害做出评价。也有学者认为灾害风险评估是通过风险分析的手段对尚未发生的灾害的致灾因子的危险性强度、承灾体可能受灾的严重性程度（脆弱性）进行评定。美国国家实验室在研究关键设施安全及灾害风险评估方法时指出，灾害风险是给定基础设施遭受威胁攻击时的可能损失。综上所述，灾害风险应由致灾因子的危险性、孕灾环境的敏感性、承灾体的脆弱性之间的交集确定。

三　地震灾害风险研究现状

目前，我国大多数城市都处于地震的高风险地区，灾害风险近年来出现攀升的趋势。我国充分借鉴国际降低地震灾害风险的先进理念，结合当今智能技术，开展了地震风险评估与监测技术研究，对地震的预警预防以及防震建设已成为当前防震减灾工作的重中之重。

根据人们对地震灾害风险认识过程的不断深化，地震灾害风险评估研究历史沿革大致可以分为三个阶段：首先是确定性，其次是随机不确定性，最后是模糊不确定性。对应每个阶段风险评估模型有：确定性评估模型、概率评估模型、模糊评估模型。确定性评估模型一般以历史上遭受的最大灾害程度为标准，又称极值模型，如线性回归模型、最大最小值模型等。20 世纪 50 年代初，苏联最早开展地震区划研究，用烈度最大值风险评估模型编制了《全苏地震区域划分图》。概率评估模型主要是依据历史地震资料，推算灾害发生的概率，然后根据地震灾害可能发生地区的自然和社会经济条件，对可能造成的后果进行预测。20 世纪 70 年代，McGuire（1976）提出了数值算法模型对地震灾害可能发生的地区进行了风险评估。高孟潭（1995）给出了中国大陆 2005 年前地震危险性的概率预测结果（以十年概率预测作为时间尺度），即全国 4000 多个单元的地震发生概率。将这一成果用于全国城镇的地震减灾实践无疑是非常重要的。概率风险评估模型与确定性评估模型相比较，其主要优点是全面反映了地震灾害事件的随机不确定性，评估结果比较可靠。其核心是在系统参数的概率分布已知的前提下计算灾害风险发生的可能性。模糊评估模型主要基于历史数据，用模糊集理论表达灾害风险中的模糊不确定因素，并运用模糊近似推理获得用模糊集或模糊关系表达的灾害风险。该模型包括层次分析模型、聚类分析模型、模糊逻辑模型、模糊综合判别模型等。

近年来，国内外对地震灾害风险的研究也取得了显著的成果，对于防震减震事业的发展起着至关重要的作用。Yousuf 等（2020）从岩土工程数据调查和卫星图像等提取到的数据，对克什米尔谷地现有结构基础设施的社会经济和结构脆弱性及其地震风险进行评估。采用综合分层框架，通过整合不同类别的地面加速度、液化潜力指数，以及现有结构的完整性（如建筑结构、建筑材料、结构脆弱性、地下水条件和整体地震模式），对该区域的所有地震脆弱性进行评估。震后火灾风险问题标准的重要性权重由区间值中微子分析层次结构法确定。Gulum 等（2021）使用区间值中性粒细胞 TOPSIS 方法，根据伊斯坦布尔安纳托利亚一侧的地区地震后的火灾风险进行排名。提出的风险评估方法与现实生活中的数据一起使用，以确定土耳其伊斯坦布尔风险最高的地区。通过灵敏度分析对所提出方法的结果进行测试和验证，并进行了比较分析，以进一步验证所提出方法的稳健性和有效性，提出的综合方法旨在成为地震灾害风险评估的有用工具，并为决策者提供可靠的评估。张蓓蕾等（2020）结合宁波地区的实际情况，运用灾害风险评估经典的自然灾害评估模型，探索建立了地震灾害风险评估指标体系，并采用德尔菲专家法和层次分析法，研究确定各个指标权重。通过该指标体系，尝试对地震这一灾害风险进行评估。通过计算每个地区的地震灾害风险指数，定量地反映各地的地震灾害损失风险水平和有待改善的薄弱环节，为城市防震减灾与应急管理对策的制定提供参考。孙小军等（2021）首先采用蒙特卡洛方法分析评估系统在地震灾害下的风险，结果表明在地震灾害的不同风险水平下，可实现快速损失评估，为灾后抢险、应急物资调配提供参考。由于现实物质空间环境的多样，导致地震及其引发的崩塌、滑坡等灾害具有关联复杂性，严重干扰减灾应急处理过程中的有效判断，因此，李云飞等（2021）提出一种基于多灾害耦合叠加模型的区域地震风险评估方法。

第三节　地震风险管理

　　强烈地震发生后，城市供水系统和紧急救援系统被称为生命线工程中的生命线，因此，为确保生命线在震后能正常运作，政府应加大投资和加强管理。供水系统一旦遭受地震破坏，不仅无法满足居民正常用水，也不能为紧急救援部门供水及阻止火灾蔓延。同时，企业无法使用生产用水也会带来间接经济损失。1994 年美国北岭 6.6 级地震，造成洛杉矶供水管道大面积破裂达 1400 余处，其中 100 处位于主干供水管网上。1995 年日本阪神 7.3 级地震造成震区供水系统主干道 1610 处损坏，导致 9 个城市 80% 用户断水，大阪神户地区 90% 的供水设施受到破坏，地下供水管道有 12 万处漏水，供水中断还导致消防工作受到严重阻碍（何维华，2009）。日本"3·11"大地震给福岛核电站带来的停电导致供水系统失效，进而产生核反应堆融堆。1976 年中国唐山地震导致全市供水系统瘫痪，仅天津塘沽区主干网损坏 332 处，抢修半个月，仅恢复 50% 的供水能力（韩阳，2002）。2008 年汶川 8.0 级大地震中，绵竹市供水系统遭受毁灭性破坏。除了供水供电系统的严重破坏，紧急救援场所的设置也存在问题。中国政府在过去的三个五年计划期间，建设了地震监测网络系统，开展大规模震害预测工作，建立了地震应急系统，编制新一代地震动参数区划图。现在急需解决的是城市基础设施及生命线工程应具有足够的抵御震害风险的能力，更需要知道处于地震带上的城市是一个什么样的风险级别，而且需要一个能定量的、有显示度的指标。《中国地震局防震减灾"十三五"防灾防御规划》明确提出："编制全国省市县四级高精度、大比例、多概率水准的地震区划图和地震灾害风险图，建设地震危险性与风险评估基础数据库，提高编图成果的科学化、精细化和精准化。"习近平总书记指出："努力实现从注重灾后救助向注重灾前预防转变，从减少灾害损失向减轻灾害风险转变。"[①] 这是当前和今后一个时期我们必须遵循的原则，为灾害风险研究指明了方向。首先要实施灾害风险调查和重点隐患排查工程，掌握风险隐患，然后着力解决地震灾害风险防治领域的突出问题，补齐短板。

地震灾害防御是一项复杂的工程，它需要动员包括政府、非政府组织的科技工作者、社会群体等各方面的力量共同完成。必须减轻地震对人的生存条件的破坏，这是地震灾害防御的核心内容，也是地震灾害防御的直接目标。要实现上述要求或达到上述目标，政府必须有计划、有目的地动员各方面的力量，采取多种措施。地震预警、地震防御、地震灾后救援三个关键问题贯穿于地震灾害防御的始终，因为地震灾害的发生是一个过程，它始于地震的发生，却并不止于地震的停止。

近年来，地震灾害测报和管理部门利用遥感、卫星以及地理信息

---

① 人民网：《习近平谈防灾减灾：从源头上防范把问题解决在萌芽之时》，中国共产党新闻网，http://www.qstheory.cn/zdwz/2020-05/12/c_1125972870.htm，2020 年 5 月 11 日。

系统等先进的技术在地震风险管理方面开展了很多颇有意义和成效的工作。地理信息系统能为大区域的地震破坏和损失研究的实施提供理想的平台，所以使用地理信息系统技术可以非常便捷地评估地震发生导致的社会经济影响和人员伤亡分布情况。如给定了地震参数和平均损失率，则可利用地理信息系统的分析方法得到设定地震引起的直接损失及其分布。在地理信息系统平台下进行风险区地震破坏和损失估计的必要数据是潜在震源的分布情况及其活动特性、地震历史背景、地理和地质资料、各类工程结构物的分布情况及其抗力分布函数、社会经济发展状况及其趋势等。世界风险（WorldRisk）系统采用了面源模型的地震危险性分析方法和基于人口数据的地震灾害损失分析方法。此外，一旦破坏性地震（Ms≥7.0）发生，为及时制定应急方案和部署救灾工作，需要对灾情做出快速的评估。为此一些地震灾害管理部门提出了基于地理信息系统平台的地震灾害损失快速评估的方法。利用地震灾害损失快速评估系统，确定震中位置、震级、风险区范围，即可在数分钟之内对风险区的地震灾害损失做出具有一定精度的评估，以指导抗震救灾工作。

总而言之，中国是地震多发国家，受地震灾害的威胁极大，因此有必要结合国外的先进经验，对中国的地震灾害风险展开系统研究，构建不同尺度的、涵盖宏观和微观的、兼顾震前和震后的地震灾害管理系统，以完善符合市场经济体系的地震灾害风险分析和管理机制。

第四章　地震抗灾能力指数基础理论

第一节　地震形成机理

　　地震会给人类的生命和财产造成严重的损失，这一自然灾害在人类史上是表现最为严重的，我国受地震灾害损失相当的严重。从20世纪初到20世纪90年代，地震共导致我国60多万人死亡，即平均每天有近20人殁于地震灾害。地震是一种无法预测的自然灾害，在地震发生前没有明显的征兆。在全世界范围内对地震的精准预报都是一道难题，地震都发生在地下，一般的地震震源都有十多公里深，而目前人类最深的探测井也就10公里左右，根本无法进行观测跟踪。我们当前对地震成因和发生过程的认识有问题，不知道如何确立切中肯綮的地震前兆信息，自然也就无法实现地震的预测。要做到预报预测，需要找到与地震运动过程相对应的指标，但目前还不能确立这样的指标体系。地震孕育的过程比较长，特别是大地震，复发周期可能达到上千年，一旦断层破裂，能量又是在瞬间释放，观测的时间短和地质运动的不均匀等都会造成信息鉴别的难度。

　　大陆内部孕育的强震机制和地震的发生与地球内部地壳复杂的结构密不可分。前人虽然针对不同地区强震做了相关的研究，但其研究主要针对的是单一地震震群或几个典型的地震展开的，缺乏对地震的全方位深入分析解读。有研究对我国华北地区发生的26次强震和东北地区发生的具有代表性的地震进行了详细的对比分析。上述收集的这些地震构造环境不同、发生的时代也不同、差异也较大，专家们深入分析几十个强震震源区的地震速度和泊松结构分布特征，提取了不同地震相同的构造特点，建立了大陆内部统一的孕育强震和强震发生机制，为未来地震发生的危险性评估提供了理论支持。

松辽盆地横跨黑龙江、吉林、辽宁三省，四周被山脉、丘陵所环绕。这个盆地具有独特性，是整个东北地区主要的地震活动构造单元，东北地区发生的主要中强震（Ms≥5.0）集中分布在松辽盆地的周边与盆地内部的地壳当中，表现出的这一特性与松辽盆地地壳的持续活动密切相关。从地质学的角度出发，松辽盆地地质活动相对活跃的主要原因就是松辽盆地部分岩石圈结构发生了下沉，导致了软流圈的物质向上涌出。对比于俯冲带区域的地震，大陆强震多发生在地震波高速区域、具有脆性岩层的上地壳，容易集中应力；由于无大量流体的注入，下地壳的低速、高导层的弱化是地壳发生强震的诱因。为进一步描述地震形成的机理，从物理学和地质学角度，下面将对浅源地震、中源地震和深源地震的发生机制进行概括性的说明。

一　物理学和地质学相关解释

地震发生的物理机制和具体过程在科学界是尚未得到清楚研究的难题。地震到底是怎么发生的，或者说地震形成的真正物理机制是什么，这是地震学领域长久以来困扰人们的基本问题之一。深度了解并搞清楚地震发生的机制，不仅是地震科学继续向前发展的重要基础，对于实现地震预警预测和防震减灾也具有重要的意义。最值得关注的是浅源地震，通常在地震灾害中造成重大灾害的也正是浅源地震。

从物理学的角度出发，在不考虑物体构造力时，依据万物皆为流的流变学原理，原始地壳岩石在长时间的挤压碰撞等高强度的压强作用下，纵向和横向应力相同，没有差应力。大地的构造力推动岩块滞滑移动挤压地下断层泥，这种力量作用在地壳中其他岩块，逐渐传递和积累。地壳岩石的自重会使岩石发生弹性—塑性转变，根据实际地震发生情况分析，弹性—塑性转变深度的计算，可以给出地壳岩石弹性、部分塑性和完全塑性三个区域的典型深度范围。另外，地震是大范围岩石破坏，破坏必然沿薄弱路径发生。因此，浅源地震岩石的实际破坏强度必定比通常观测到的岩石剪切强度值低。地震发生必定产生体积膨胀，只有突破阻挡才可膨胀。地震发生的条件是大地构造力超过岩石破坏强度、断层边界摩擦力以及所受阻挡力之和。

二　不同震源的发生机制

引发地震大地构造力的原因主要是水平方向作用的构造力。地壳的离散态结构，在地幔对流驱动下，通常以四种方式形成局域地块受力的积累和集中：板块边界不均匀作用和运动；板内断层岩石层块不均匀构造和运动；局域地壳下部凸起阻挡地幔流动引起的作用力；下插板块或地幔流动受阻挡导致的作用力。地震孕育过程中，大地构造作用力以岩块滞滑移动和力链形式传播，渐次挤压断层泥并推动岩块积累作用力，最终导致地震发生。

（一）浅源地震

浅源地震主要指的是地震震源深度小于 70 千米的地震。浅源地震发震的频率在近代史上发生的次数是最多的，它对人类造成的影响也是最大的。若以释放的能量多少来进行比较的话，超过 85% 的是浅源地震。在我国大陆板块上，浅源地震占 95% 以上，因此地震灾害主要由浅源地震造成。浅源地震大多分布于岛弧外缘，深海沟内侧和大陆弧状山脉的沿海部分。浅源地震大多发生在地表下 30 千米深度以下的范围内。汶川 8.0 级大地震就是浅源地震，危害极大。汶川地震不属于深板块边界的效应，发生在地壳脆韧性转换带，震源深度为 10—20 千米，因此破坏性巨大。汶川大地震为逆冲、右旋、挤压型断层地震。2010 年 4 月 14 日的玉树地震也属于浅源地震，这次 7.1 级的大地震是玉树地区历史上第二次大地震，震源约为 14 千米，最深的为 30 千米，所以伤害性很强。

（二）中源地震和深源地震

中源和深源地震发生在地壳以下区域，最深可达 500—700 千米，其产生机理长期以来困扰着地震学家。俯冲板块斜插到地幔区域，斜插板块本身温度较低，需较长时间才可发生局部熔化。在潜没区地幔中，大部分是大小和形状各异的塑性固体岩块，熔化部分很少，熔体比例随深度和时间逐渐增加。岩块尺度可大到以千米计量，也应看作大尺度离散颗粒物质体系。在大地构造力驱动下，斜插岩块缓慢运动，在运动过程中可能遇到某些大的障碍物，如地壳岩石向卜的延伸体、大尺度固体岩块或密集岩块团等，使下插岩石层某些部分遇到阻塞。这是受阻的一种典型状态，随时间推移和推力不断积累，以及岩石层块熔化不断增多等，被阻塞岩块尺度减小或开口变大，流量突然变大，致使能量释放，引发地震。这也是阻塞—解阻塞转变。由此可见，解阻塞岩块的体积及解阻塞后流动速度决定了释放能量的大小，即决定了深源地震的震级。地震也可发生在没有斜插板块的地幔区域。地幔岩块在地壳下处于缓慢密集流状态，受到地壳延伸体及其他固体岩块阻挡，当构造应力积累达到一定程度，也会发生阻塞—解阻塞转变，流量突然增大。此类地震可以发生在离地壳较近的地幔区域，一般称为中源地震。在地幔很深处，随温度升高，熔化部分增多，使岩石块体积分数变低，再难以形成阻塞，不会有地震发生。中源和深源地震为大范围岩块流动，存在切变作用，也必然会产生切变波。

第二节　灾害系统理论

灾害系统理论认为自然灾害是由孕灾环境、致灾因子危险性及承灾体脆弱性三者相互作用形成（见图4-1）。

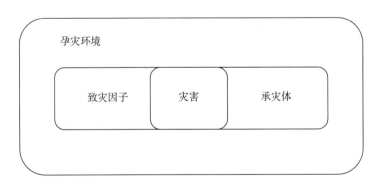

图4-1　灾害系统组成

孕灾环境是由自然环境和人为环境（政治、经济、种族、文化等）所构成的地球表层系统，是灾害系统的子系统，灾害表现出的破坏性程度是不同的，造成的影响和损失也不尽相同。孕灾环境论认为灾害风险的形成与孕灾环境是否稳定密切相关。自然灾害的发生及造成的损失程度与人类生存环境息息相关，不同环境下的灾害表现不同。致灾因子是灾害发生的导火索，致灾因子的危险性是灾害发生的主要原因。致灾因子可分为自然致灾因子（地震、洪水、台风等）和人为致灾因子（爆炸、战争、人为破坏等）。承灾体是灾害发生的载体，承受着致灾因子的直接作用。承灾体包括人类自身、建（构）筑物、生命线工程系统、生活场所等聚集人类活动财富的复杂系统。[①]脆弱性是描述承灾体在灾害作用下表现程度的重要指标，决定了灾害风险的大小和损失程度。

第三节　抗灾能力相关理论

一　抗灾能力

关于抗灾能力的定义国内外学者尚未达成统一共识，研究范围的界定也略有差异。关于抗灾能力这一概念的演化过程本书将从国内外两个视角加以介绍。

抗灾能力是从"恢复力"这一概念引申而来。恢复力的研究始于国外，最早被运用于物理力学领域，指材料在没有断裂或完全变形的情况下，因受力发生形变并恢复至原状的能力，强调的是恢复到原来状态的能力。[②]恢复力这一概念在 20 世纪 70 年代后期由 Holling（1973）首次引入生态学领域，并对生态恢复力进行了创新性的研究，把它作为衡量生态系统吸收改变量而保持能力不变的标准，主要强调

---

① 王静：《城市承灾体地震风险评估及损失研究》，硕士学位论文，大连理工大学，2014 年。

② 刘婧、史培军、葛怡等：《灾害恢复力研究进展综述》，《地球科学进展》2006 年第2 期。

系统能够承受的扰动程度。随后 Timmerman（1981）将恢复力引入社会科学、环境变化领域，并首次将恢复力与脆弱性联系起来，认为恢复力是系统承受灾害事件的打击并从中恢复的能力，强调系统灾后恢复能力。Adger（2000）在 Timmerman 研究的基础上，进一步提出了社会恢复力的概念，认为社会恢复力是人类社会承受外部威胁对基础设施的打击或扰动（如环境变化、社会、经济或政治的剧变）的能力及从中恢复的能力。[1] 后来恢复力开始从环境变化领域过渡到灾害学领域，并涌现出大量的观点和定义：Bruneau 等（2003）在研究社区地震恢复力时将其定义为社会单元（比如各种组织和社区）减轻致灾因子的打击、执行有效恢复措施的能力[2]；联合国国际减灾战略把恢复力定义为系统、社区或社会抵抗或改变的容量，使其在功能和结构上能达到一种可接受的水平，由社会系统能够自组织的能力、增加学习能力和适应能力（包括从灾害中恢复的能力）的容量决定；Cutter（2016）在综合考量上述观点的基础上，指出恢复力不仅包括系统或组织的灾害修复能力，也包括受灾系统或组织重组、抵抗和学习以提高灾害应对能力的过程。

国内学者关于抗灾能力的研究起始于 20 世纪 90 年代，值得注意的是，受国外表述方式的影响，国内对"resilience"一词的表述还存在一定的争议，大多数学者将"resilience"翻译为"恢复力"（高霖等，2012；舒士畅等，2018），还有一部分学者将其翻译为"弹性""韧性"，或者统称为"抗灾能力"等。关于这一概念的界定有以下两种比较具有代表性的说法：第一种侧重于强调恢复力是指灾后恢复过程所具备的能力，如葛怡等（2010）认为恢复力是在系统没有被完全损坏的条件下，灾后调整、适应、恢复和重建的能力；第二种侧重于强调恢复力是贯穿灾情始末的一种综合能力，如费璇等（2014）对

① Adger W. N., "Social and Ecological Resilience: Are They Related?" *Progress in Human Geography*, Vol. 24, No. 3, June 2000, pp. 347-364.
② Bruneau, M., Chang, S. E., Eguchi, R. T., et al., "A Framework to Quantitatively Assess and Enhance the Seismic Resilience of Communities", *Earthquake Spectra*, Vol. 19, No. 4, November 2003, pp. 733-752.

恢复力的定义有两点概括，一是恢复力是一个系统；二是恢复力是一种能力。

随着研究的不断深入，恢复力逐渐泛化成为一个综合性概念，不仅强调灾后系统的恢复能力，还偏向于系统功能的研究，强调系统或组织对自然灾害的一种应对能力，开始向抗灾能力过渡，且研究结论表明，二者已经基本趋同。本书对抗灾能力的研究更注重系统功能方面，认为现阶段的抗灾能力是一种既强调组织或系统的内在特质又强调系统对灾害的响应能力、应对能力以及从灾害中恢复的能力。

二　脆弱性

脆弱性（vulnerability）是抗灾能力研究范畴中一个至关重要的概念。脆弱性是描述承灾体在灾害作用下不同表现的重要指标，由复杂因素相互作用形成，决定了灾害风险的大小和损失程度，其直接或间接地影响着系统或组织的抗灾能力强弱。政府间气候变化专门委员会（IPCC）第三次评估报告（TAR）将脆弱性定义为系统易受到气候变化造成的不良后果影响或者无法应对其不良影响的程度。

在脆弱性内涵的构成要素的认识方面，目前学术界还存在着争议，主要在于探讨暴露性（度）是否属于脆弱性研究范畴。不同专家学者有不同的见解：一些学者认为，脆弱性是系统受到外部干扰而受到冲击的一种特质，是由系统敏感性、暴露性和适应能力共同决定（Benedetti et al.，1988；商彦蕊，2000；王静爱，2006；李贺，2008；徐广才，2009；苏桂武等，2003），将暴露性纳入脆弱性研究范畴；另一部分学者则认为暴露性并不是脆弱性的构成要素，脆弱性是由系统面对外界扰动的敏感性和适应能力构成，是系统的属性（Tall et al.，2013；Wilhite et al.，2014；石勇等，2011）。本书以第一种观点为标准，认为脆弱性是由系统对外界干扰的暴露性、系统的敏感性以及系统的适应能力三个要素构成。

第四节　抗灾能力指数

一　抗灾能力指数的概念

指数是一种强大的评价工具,能够将复杂问题简单化。指数研究是指基于统计学、运筹学等学科知识,制定一套科学严谨的指标体系,通过定量分析与定性分析,以指数的形式对评价主体做出系统、客观和准确的评价。抗灾能力指数是指在指数研究的理论基础上,将指数研究运用到灾害学领域,将抗灾能力作为指数研究的主题,即通过构建一套合理的抗灾能力指数体系,对某一系统或组织的抗灾能力进行系统、客观和准确的评价。

二　现有抗灾能力指数研究方法

目前国内外关于抗灾能力指数的研究主要有以下几种方法:美国圣母大学开发了一套圣母大学全球适应指数用来评价各国抵御自然灾害的能力及对自然灾害变化的适应能力;美国国家科学院建立了抗灾能力评估框架,用来评估社区抗灾能力;Joseph(2009)设计了社区抗灾能力指数,从灾害管理的四个阶段(减灾、备灾、应对和恢复)和应对灾害的四类资本(社会、经济、物质和人力)出发,构建了社区抗灾能力指数体系;张浩等(2018)集成案例驱动与数据驱动的评估方法,提出 CI(关键基础设施)抗灾能力评估指标。这四种抗灾能力指数研究方法的详细说明及其关键指标体系的介绍如表 4-1所示。

表 4-1　　　　　　　　现有抗灾能力评价方法

评价模型	解释说明	关键指标体系	应用层面
美国圣母大学全球适应指数	全球适应指数模型是一个新兴的国家层面用于预防气候变化问题的领先指标	脆弱性指数:暴露度、敏感性和适应能力;准备程度指数:经济准备、治理准备、社会准备	国家

续表

评价模型	解释说明	关键指标体系	应用层面
美国国家科学院抗灾能力评估框架	首要目标是开发一个抗灾能力评估框架，以提升社区抗灾能力。该框架主要围绕3个问题：建设社区抗灾能力的意义；有助于提升抗灾能力的合理投资；不同社区抗灾能力评估的评估框架	脆弱人群；关键的环境基础设施；社会因素；已建基础设施	社区
社区抗灾能力指数	主要用于评价社区层面的抗灾能力水平	灾害管理阶段：减灾、备灾、应急、恢复应对灾害的资本；社会、经济、物质、人力	社区
关键基础设施评估方法	关键基础设施是由为支撑社会正常运行提供产品或服务的公共事业、通信、能源、金融和物流等重要部门构成的一套相互依赖的多网络复杂系统的总称	抗灾物理能力：关键基础设施自身物理性质决定的抗灾能力，抗灾响应能力：与应急管理活动相关的抗灾能力	基础设施

目前国内外关于抗灾能力指数的研究大多集中在社区层面，国家层面指数研究涉及较少，针对特定灾种的抗灾能力指数也比较欠缺，因此亟须开展抗灾能力指数相关研究。

第五章 中国地震灾害时空分布特征及其经济影响

21 世纪以来，中国每年因自然灾害造成的经济损失高达数千亿人民币，造成数以千万计的人员伤亡，严重阻碍中国经济和社会可持续发展。根据紧急灾难数据库（Emergency Events Database，EM-DAT）灾害数据记录，20 世纪以来中国发生的 10 例巨大自然灾害中，由地震造成的经济损失数额最大，高达约 850 亿美元（见表 5-1）。

表 5-1　　中国十大自然灾害经济损失（1900—2019 年）

灾害类型	发生时间	经济损失（万美元）
地震（地壳活动）	2008 年 5 月 12 日	8500000
洪水	1998 年 7 月 1 日	3000000
洪水	2016 年 6 月 28 日	2200000
极端天气	2008 年 1 月 10 日	2110000
洪水	2010 年 5 月 29 日	1800000
干旱	1994 年 1 月	1375520
洪水	1996 年 6 月 30 日	1260000
洪水	1999 年 6 月 23 日	8100000
洪水	2012 年 7 月 21 日	800000
洪水	2003 年 6 月 23 日	789000

资料来源：紧急灾难数据库，http://www.emdat.be/database。

为充分了解中国地震灾害分布特征，为地震抗灾能力建设提供现实依据，本书将从人口伤亡、直接经济损失等方面探讨中国地震灾害时空分布特征，并运用固定效应模型进一步探讨中国地震灾害对经济发展的影响。

第一节　中国地震灾害时间分布特征

中国地震灾害时间分布特征是指从时间角度分析中国地震灾害情况，侧重于比较不同时间段的地震灾害分布及其损失。本书通过选取不同时间段地震灾害相关数据，从地震发生频次、不同震级地震发生规律、人员伤亡、直接经济损失等方面分析中国地震时间分布特征。

一　地震发生频次

本书统计了近 70 年（1949—2019 年）我国地震（Ms≥5.0）灾害年际变化情况（见图 5-1）。

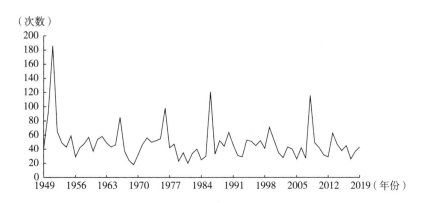

（次数）

图 5-1　中国 1949—2019 年地震发生次数（Ms≥5.0）时间序列

从长期看我国地震呈现逐渐活跃的趋势，而从短期来看则呈现不断波动的特征。首先，我国中强地震发生频次年际变化不均匀，即有的年份多、有的年份少。其中，地震发生次数最多的是 1951 年，共发生五级以上地震 186 次；发生频次最低的是 1969 年，共发生中强震 18 次；其次，我国地震呈现"波浪式"起伏，且出现了 3 个显著的峰值，其对应的年份分别为 1951 年、1986 年和 2008 年，平均每年的地震次数（Ms≥5.0）均在 100 次以上；最后，峰值前，每年地震数总体上呈增长趋势（但中间会有起伏），峰值后，总体上呈下降趋势，且每到谷底后，必反弹上升。进入 21 世纪，除 2008 年 "5·12" 汶川地震之外，我国地震频次总体上趋于缓和，但地震活动依旧比较频繁，中强震（Ms≥5.0）平均每年发生频次约为 43 次，且地震强度较大。

二 不同震级地震发生规律

如表 5-2 所示，为了进一步分析我国不同震级地震发生规律，本书统计了近 20 年（2000—2019 年）不同震级地震发生频次，发现总体上，中国地震呈现出"多中等少特大"的规律，大多数地震的等级水平都处于 5.0—7.0 中等地震等级范围内，发生大地震和特大地震的次数较少。具体来看，5.0—5.9 级地震频次为每年 36 次，方差为 265，地震频次波动较大，其中地震发生最多的是 2008 年，共发生 5.0—5.9 级地震 95 次；6.0—6.9 级地震频次为每年 6.35 次，方差为 12.93，分布较均匀；大地震（Ms≥7.0）及特大地震的发生频次较少，平均每年 0.7 次。说明我国地震灾害发生频次较多，但地震强度中等。

表 5-2　　　2000—2019 年中国地震（Ms≥5.0）发生情况

年份	地震总次数	5.0—5.9 级	6.0—6.9 级	Ms≥7.0
2000	53	46	7	0
2001	35	30	3	2
2002	28	23	3	2
2003	43	34	8	1
2004	40	35	5	0
2005	26	20	6	0
2006	42	36	5	1
2007	27	19	8	0
2008	116	95	19	2
2009	49	40	9	0
2010	42	38	3	1
2011	32	27	4	1

续表

年份	地震总次数	5.0—5.9级	6.0—6.9级	Ms≥7.0
2012	29	24	5	0
2013	63	54	8	1
2014	47	39	7	1
2015	38	32	5	1
2016	45	35	10	0
2017	26	23	2	1
2018	37	32	5	0
2019	43	38	5	0

资料来源：中国地震台网中心国家地震科学数据中心，http：//data.earthquake.cn。

三　中国地震灾害直接损失分析

本书仅从人员伤亡和直接经济损失两方面进行分析。通过统计2000—2019年中国地震受伤人数、死亡人数和直接经济损失情况可知：（1）人员伤亡情况。去除2008年地震损失极端值影响，中国地震伤亡人数分布大致呈现断崖交错式分布（见图5-2），共出现4次峰值。相比2000—2007年，2010—2019年中国地震伤亡人数呈现小幅度增加趋势。（2）直接经济损失情况（见图5-3）。中国地震直接

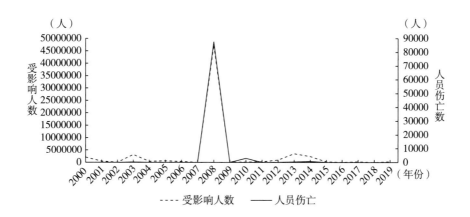

图5-2　2000—2019年中国地震人员伤亡情况

经济损失可划分为两个阶段：低损失时期（2000—2007 年）和高损失时期（2008—2019 年）。低损失阶段中国地震直接经济损失金额相对较少，平均每年地震直接经济损失金额为 17.70 亿元；而高损失时期地震直接经济损失金额平均每年 250.86 亿元（去除 2008 年极端值），相当于低损失时期的 15 倍。究其原因，一方面是近十年发生大地震的次数增加，2010—2019 年共发生大地震（Ms≥7.0）6 次；另一方面是随着中国经济的不断发展，地震发生之后导致的房屋建筑倒塌及基础设施损毁等损失占比较大。

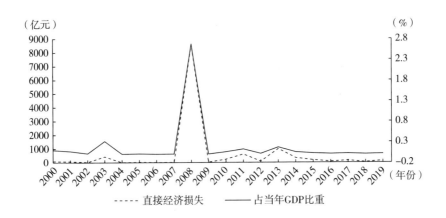

图 5-3　2000—2019 年中国地震直接经济损失情况

第二节　中国地震灾害空间分布特征

中国地震带分布范围广，地震灾害多发，不同地区面临的地震灾害特征不尽相同。本书以中国各省（市、区）为研究单位，对各省（市、区）的地震发生频次、地震灾害损失情况进行分析，探讨中国地震灾害空间分布特征。

一　各地区地震发生频次分析

2000—2019 年，中国共发生地震（Ms≥5.0）732 次，地震发生频次最多的地区是台湾，平均每年发生地震（Ms≥5.0）约 13 次；其次是新疆、西藏以及四川等西南地区，平均每年发生地震约 5 次；东部地区及中原地区地震次数相对较少。由此可见地震活动区域性明显。

二 各地区地震直接损失情况

鉴于各地区（省、直辖市、自治区）数据获取的局限性，本书只分析 2004—2018 年地震灾害造成的人员伤亡情况和直接经济损失情况。图 5-4 展示了四川、云南、西藏、甘肃和青海各地区每年地震发生频次。（1）人员伤亡：地震灾害人员伤亡情况与地震震级、震源深度密切相关，2008 年四川省阿坝州汶川县爆发 8.0 级特大地震，造成人员伤亡 460016 人，死亡 69268 人。若去除这一极值的影响，我国地震灾害人员伤亡最严重的地区有四川、青海以及云南，人员伤亡分别为 13954 人、13711 人和 7401 人（见图 5-5）。（2）直接经济损失：我国直接经济损失最严重的地区是四川和云南，四川和云南是我国目前地震灾害爆发次数最多的地区，每年因地震灾害造成的损失不计其数，且地震（Ms≥5.0）发生频次多，基础设施和固定资产破坏程度严重，尤其是房屋倒塌、基础建设施损毁等。

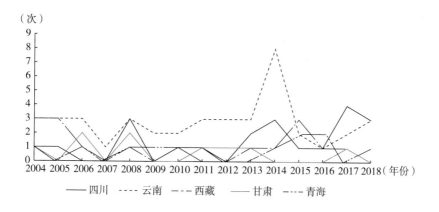

图 5-4 2004—2018 年各地区地震（Ms≥5.0）发生情况

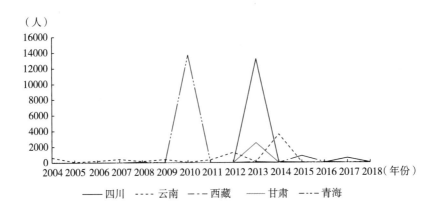

图 5-5　2004—2018 年各地区地震灾害人员伤亡情况

第三节　地震灾害对中国经济发展的影响

关于自然灾害对区域经济发展的影响，学术界主要有以下三个观点：部分学者认为自然灾害会对区域经济发展产生不利影响，阻碍经济发展（Albala-Bertrand，1993；Hallegatte、Dumas，2009；Thomas et al.，2010；Hendrix、Salehyan，2012；Haddad、Teixeira，2015；都吉夔等，2010；魏本勇、苏桂武，2016；李宏，2018）；另一部分学者认为自然灾害的发生反而有助于促进当地经济增长（Cuaresma et al.，2008；Klomp，2016；Bondonio、Greenbaum，2018；卢晶亮等，2014；张文彬等，2015）；也有部分学者认为自然灾害对经济发展的影响具有异质性，与本国的资本存量、民主制度以及抗灾能力等方面都息息相关。地震作为自然灾害中破坏力较强的灾害类型，一旦发生，不仅可能会造成人畜伤亡，还会破坏基础设施和房屋建筑，事实证明，历史上的特大地震灾害对社会经济发展造成了难以弥补的损失。为充分反映地震对中国经济发展的影响，本书运用中国 2004—2018 年地震灾害直接经济损失的数据，在对面板数据处理的基础上，借助固定效应模型研究中国地震灾害对经济发展的影响。

一　估算方法

为充分反映地震对中国经济发展的影响，并出于内生性的考虑，本书拟采用双向固定效应模型来对二者之间的关系进行实证分析，通过在模型中加入地区虚拟变量和时间虚拟变量能有效克服因遗漏变量所带来的内生性问题（李澄铭，2019；谷洪波、李澄铭，2019）。本书构建双向固定效应计量模型如下。

$$Y_{it} = \alpha + \beta E_{it} + \gamma X_{it} + \varepsilon_i + \mu_i + \theta_{it} \tag{5-1}$$

其中，下标 i 表示省份（直辖市、自治区），t 表示年份；Y 是被解释变量，衡量地区经济发展水平；E 是自变量，表示地震是否发生；系数 β 代表地震对经济发展的影响程度；X_{it} 是一组控制变量，用于解释影响地区经济发展水平的因素；ε_i 和 μ_i 分别表示地区虚拟变量和时间虚拟变量，θ_{it} 是随机误差项。

二　描述变量

本书的被解释变量是我国区域经济发展，基于数据的可得性，本书选取如下 4 个指标来衡量：首先是国内生产总值，考虑到经济发展的影响，故首选各地区的国内生产总值衡量经济发展水平；其次是考虑地震对农业、工业、服务业等行业经济发展的影响，选取了第一产业总产值（Gross Output Value of Primary Industry）、第二产业总产值（Gross Output Value of Secondary Industry）、第三产业总产值（Gross Output Value of Tertiary Industry）这三个指标。解释变量为地震，本书将不发生地震的地区和年份设置为 0，将当年发生地震的地区设置为 1。另外为充分考虑地震级数对经济的影响，本书还选取了地震级数作为解释变量。

参考李俊杰等（2016）、杜辉（2017）、张涛（2018）等研究，本研究还加入了一系列控制变量来减少内生性影响。选取某地区的经济发展水平、教育水平、金融发展、固定资产投资、常住人口等一系列决定经济发展的指标作为控制变量，各项指标的具体说明如表 5-3 所示。

三　数据来源与描述性统计

本书使用的样本数据来自历年《中国统计年鉴》《中国城市统计

《年鉴》和地方历年的统计年鉴，最终的样本量为 6045 条，各变量基本描述性统计如表 5-4 所示。

表 5-3   经济发展影响因素

影响因素	描述	主要评价指标	数据主要来源
教育水平	反映了一国或地区中所有人群的平均文化深度、受教育的高深程度等的综合表现	初中毛入学率（初中在校生占相应学龄人口比例）	《中国教育统计年鉴》《中国人口与就业统计年鉴》
经济发展水平	经济发展水平必然会对本地区的经济发展产生带动作用	经济增长率	《中国统计年鉴》
金融发展	金融发展对经济增长影响深远，金融投资对于合理利用金融资源、实现可持续发展意义重大	金融效率（提供给非金融私人企业或非金融私人部门的信贷与国内生产总值的比率）	《中国金融年鉴》
固定资产投资	固定资产投资为各地区基础设施的建设和抗震系统提供了保障	固定投资占比（固定资产投资占国内生产总值比例）	《中国统计年鉴》《中国城市统计年鉴》
常住人口数量	地区常住人口为地区发展提供人力资本	常住人口数量	《中国统计年鉴》

表 5-4   变量描述性统计

变量	样本量	均值	标准差	最小值	最大值
是否发生地震	465	0.215	0.411	0	1
地震等级大小	465	0.406	1.032	0	8
国内生产总值	465	16550.900	16263.380	220.340	99945.220
第一产业产值	465	1441.773	1169.553	44.300	4979.080
第二产业产值	465	7625.390	7564.006	52.740	42129.370
第三产业产值	465	7483.735	8154.751	123.300	54710.370
经济发展	465	0.138	0.076	-0.280	0.323

四　估算结果

将上述变量数据代入式（5-1）中，通过 STATA15.0 软件进行面板数据回归分析，对所得数据进行相应的检验，并得出全部结果（见

表5-5）。

表5-5　　　　　中国地震灾害与经济发展回归分析结果

变量	因变量			
	国内生产总值	第一产业	第二产业	第三产业
地震	−0.007	−0.008	1.031***	−0.002
	[−0.421]	[0.904]	[1.835]	[−0.327]
地震等级	−0.012	−0.072**	0.093**	−0.023
	[−0.521]	[−3.103]	[1.825]	[−0.245]
控制变量：				
教育水平	0.185	1.812***	0.351	2.699***
	[0.408]	[3.093]	[0.215]	[4.143]
经济发展	1.203**	2.042***	1.182***	1.791***
	[2.508]	[2.184]	[2.247]	[3.176]
金融发展水平	0.5012***	−0.284	0.687*	0.196
	[1.528]	[−0.642]	[1.695]	[1.538]
固定资产投资	−3.857***	−1.085*	−5.057***	−4.071***
	[−6.438]	[−1.709]	[−5.624]	[−6.191]
常住人口	−5.926***	−3.523***	−5.065***	−3.842***
	[−4.914]	[−4.841]	[−2.905]	[−3.057]
AR（2）Test（p值）	0.204	0.151	0.538	0.391
Hansen Test（p值）	0.501	0.303	0.299	0.385

说明：［ ］里面是t值；＊、＊＊、＊＊＊分别代表10%、5%、1%的显著性水平。

　　总体看来，我国地震灾害对国内生产总值影响不显著，说明尽管我国地震灾害损失严重，但对我国经济发展造成的影响并不大。地震对国内生产总值、农业和服务业的影响为负，分别为−0.007、−0.008和−0.002，但对工业发展则为显著性正影响（1.031）。一方面地震会破坏农业基础设置和农田，致使庄稼遭到破坏，对农业产出产生负面影响；但另一方面地震也可能会改变经济市场结构，对工业等产业产生积极的影响。地震虽然严重影响劳动力和资本，尤其是破坏建筑物、基础设施，但也会导致资本与劳动者比例大幅缩减、投资资本增加、平均输出和边际产品增多。此外，如果破坏了的资本被替换为一个质量更好的资本，则会有助于要素生产率的增长，进一步推动经济增长。

从控制变量来看，教育水平、金融发展水平对经济发展总体为正影响，但影响程度存在一定的差异。教育水平对国内生产总值和工业影响不大，但对农业和服务业影响显著；金融发展水平对国内生产总值影响显著，对工业发展有影响，对服务业发展影响不大，但对农业发展存在负影响，主要原因是金融业越发达，农村金融市场"边缘化"越发严重，大量资金流向其他行业，从而影响农业发展。贸易开放度对国内生产总值、工业和服务业都存在显著影响，但对农业发展为负影响，说明我国农业是一个典型的弱势产业，开发度越高，负面影响越大。

第六章　中国地震防灾减灾事业成效及问题

第一节　中国地震防灾减灾事业回顾

党的十九大报告指出，要树立安全发展理念，大力提升防灾减灾救灾能力。王德炎认为在防灾减灾工作中，防震减灾工作十分重要。[①]中国在防震减灾工作上不断摸索前进，制定了防震减灾相关政策，积累了大量的宝贵经验。在中国的防震减灾工作中，科学意识是成功的重要保证，防灾忧患意识是工作推进的重要前提条件，创新意识是保证进步的动力源泉。做好地震防灾减灾事业的回顾，对于新时代中国防震减灾工作的顺利开展至关重要。

一　防震减灾法治建设

地震防灾减灾相关法律政策可以调节地震科学技术发展中不同主体之间的法律关系，为地震科技管理提供法制保证，为地震科技活动发展提供自由、包容、稳固的政治与社会环境，从而确保地震科技朝着为人类谋福利的正确方向发展。[②]本书以新中国成立至今不同阶段的中国防震减灾与法制建设为脉络，梳理了新中国成立以后中国地震防灾减灾法制进展情况，并进行总结。

（一）防震减灾工作方针建设（1949—1977 年）

新中国成立初期，由于地震观测预警系统尚未形成，国家的相关

---

① 王德炎：《改革开放四十年来我国防震减灾事业建设研究》，《绵阳师范学院学报》2018 年第 9 期。

② 张广萍：《我国防震减灾法治发展综述》，《法制与社会》2020 年第 26 期。

法制管理工作都停留在救灾方面。1950 年 2 月 27 日，董必武在中央救灾委员会成立大会上，对救灾工作方针做了补充，提出了"生产自救，节约度荒，群众互助，以工代赈，辅之必要的救济"的方针。① 从上述方针可以看出，新中国成立初期中国对于自然灾难"如何防"的管理工作还未开展，重点聚焦在"如何救"的工作上，并且是以自我救助为主。1966 年邢台地震后，周恩来总理提出了"以预防为主"的地震工作思想，1972 年地震工作方针更改为"在党的一元化领导下，以预防为主，专群结合，土洋结合，大打人民战争"，1975 年海城地震后，国家强调要"依靠广大群众做好预测预防工作"。② 1978年党的十一届三中全会后，中国防震减灾工作方针重新调整为"以预防为主，专群结合，多路探索，加强地震预报与工程地震的研究，推进地震科学技术现代化，不断提高监测预报水平，减轻地震灾害，发挥地震科学在国民经济建设和社会进步中的作用"。③ 自此，"以预防为主"的思想便一直引导着中国地震工作的发展。

（二）防震减灾法律体系初步形成（1978—1997 年）

随着中国地震监测预报科学研究工作的蓬勃发展，制度法规从无到有。20 世纪 70 年代中国国家地震局颁布了《国家地震局关于发布地震预报的暂行规定》，并于 1977 年 8 月 2 日批准实施。为了保证地震台站准确、及时地提供可靠、连续的观测资料，提高中国地震预报水平，1979 年 3 月 20 日国家地震局颁布了《关于保护地震台站观测环境的暂行规定》，1994 年 1 月 10 日国务院办公厅颁布了《地震监测设施和观测环境保护条例》。④ 此后，在总结唐山大地震的经验和教训的基础上，国务院于 1995 年 2 月 11 日颁布了中国突发公共事件管

---

① 王文革：《灾害防治法》，法律出版社 2018 年版。

② 四川省地震局：《历史篇四川防震减灾工作思路的发展变化》，四川省地震局网站，http：//www. scdzj. gov. cn/xwzx/zyzt/dzld/zt_kpzs/202011/t20201118_47719. html#：～：text = 1972%E5%B9%B43%E6。

③ 《国家地震局地震事业计划管理条例》，第一章总则，第三条，https：//baike. baidu. com/item/%E5%9B%BD%E5%AE%B6%E5%9C%B0%E9%9C%87%E5%B1%80%E5% 9C%B0%E9%9C%87%E4%BA%8。

④ 《关于保护地震台站观测环境的暂行规定》已于《地震监测设施和观测环境保护条例》发布之日废止。

理领域首部与应急管理相关的行政法规《破坏性地震应急条例》，明确提出地震应急管理是中国地震防灾减灾工作中最关键的环节，进一步凸显了防震减灾工作"以人为本"的立法思路。1997 年 12 月 29 日颁布的《中华人民共和国防震减灾法》是我国地震防灾减灾领域的基本法，该法案首次明确提出面对地震灾害要以预防为主，防御和救济有机结合，法案共 7 章 48 条，从地震预测预警、地震灾害防治、地震应急救援、灾后恢复重建等方面，规范了政府部门、非政府组织以及公民个人在抗震救灾和灾后修复重建等方面的工作职能和相应的法律义务。

（三）防震减灾法治化（1997 年至今）

为加强防震减灾工作的制度化和法治化，在 1997 年《中华人民共和国防震减灾法》出台后，国务院又陆续颁布了一些行政法规，如 1998 年 12 月 27 日颁布了《地震监测预报管理条例》；2001 年 11 月 15 日颁布了《地震安全性评价管理条例》，2004 年 6 月 17 日颁布了《地震监测管理条例》。国务院有关部委、地方人大和地方政府也先后出台了部门规章、地方性法规和地方规章来落实《中华人民共和国防震减灾法》，确保防震减灾各个环节有法可依。在总结 2008 年"5·12"汶川地震抗震救灾经验的基础上，全国人大常委会对《中华人民共和国防震减灾法》进行了修订，从原先的 43 条扩充至 93 条，对防震减灾规划、地震监测预报、地震灾害预防、地震应急救援、灾后过渡性安置和恢复重建以及监督管理和法律责任等方面进行了更加明确的规定，法律的完备性与合理性有了明显提升。此外，2003 年 SARS 爆发后，全国人大常委会颁布的《中华人民共和国突发事件应对法》从规范突发事件应对的角度，对各灾种的预防与应急准备、监测与预警、应急处置与救援、事后恢复与重建等方面的共性问题进行了规定。该法案综合了防灾减灾法规无法解决的共性问题，明确了各级政府应对突发事件的权力和责任，对于防震减灾工作也同样适用。[①] 截

---

① 王霄艳：《我国防震减灾立法的不足与完善——从规范行政权的角度》，《法学杂志》2009 年第 8 期。

至 2021 年，中国现有的防震减灾法律主要有 12 个（见表 6-1）。

表 6-1　　　　　　　　　中国防震减灾法律体系

分类	名称	颁布日期	实施日期
国家法律	中华人民共和国防震减灾法	1997 年 12 月 29 日	1998 年 3 月 1 日
国务院 行政法规	破坏性地震应急条例	1995 年 2 月 21 日	1995 年 4 月 1 日
	地震预报管理条例	1998 年 12 月 17 日	1998 年 12 月 17 日
	地震监测预报管理条例	2004 年 6 月 17 日	2004 年 9 月 1 日
	汶川地震灾害恢复重建条例	2008 年 6 月 8 日	2008 年 6 月 8 日
	震后地震趋势判定公告规定	1998 年 12 月 29 日	1998 年 12 月 29 日
国务院 部门规章	地震行政执法规定	1998 年 8 月 10 日	1998 年 8 月 10 日
	地震行政复议规定	1999 年 8 月 10 日	1999 年 8 月 10 日
	地震行政法制监督规定	2000 年 1 月 18 日	2000 年 3 月 1 日
	地震行政规章制定程序规定	2000 年 1 月 18 日	2000 年 3 月 1 日
	建设工程抗震设防要求管理规定	2002 年 1 月 28 日	2002 年 1 月 28 日
	水库地震监测管理办法	2011 年 1 月 26 日	2011 年 1 月 26 日

二　地震预测技术发展

在中国，"地震预报（预测）"涵盖的范围较大，包括长期、中期和短期地震预测，以及评估地震序列的类型（群震、主震、后震）和强余震的可能性。[①] 2021 年，中国地震局发布《中国地震局党组关于进一步加强地震监测预报工作的实施意见》，进一步强调了以下四点原则：①坚持人民至上、生命至上；②坚持地震长中短临预报一体化；③坚持科技引领与开放合作；④坚持守正和创新相统一，体现了我国地震防灾减灾的整体观。本小节以"九五"为时间节点，地震监测、预报、预警等方面对我国地震预测技术的发展进行回顾。

（一）探索发展阶段

世界上第一架地震仪——候风地动仪是中国古代张衡在阳嘉元年

---

① Wu Z., Ma T., Jiang H., "Multi-scale Seismic Hazard and Risk in The China Mainland with Implication for The Preparedness, Mitigation, andManagement of Earthquake Disasters: An overview", *Changsheng JiangInternational Journal of Disaster Risk Reduction*, Vol. 4, March 2013.

（公元 132 年）发明的，这比国外使用仪器记录地震的历史早 1700 多年①，但是在 1930 年以前，中国的地震台大多是由外国传教士建立的。1930 年，李善邦在北平西郊创建了中国的第一个地震台——鹫峰地震台。② 从 1930 年到 1937 年李善帮一直在地震台工作，直到日军入侵北平，他离开鹫峰地震台，从北平撤退到重庆进行地球物理调查。第二次世界大战期间，李善邦在重庆从事地震仪的设计和制造工作，研制了中国第一代地震仪——霓式水平向地震仪，为之后中国地震监测奠定了基础。

新中国成立后，地震观测台网的建设成为中国防震减灾的首要工作。当时，台网的建设选址主要在工程建设比较重要的区域。如 1954 年，中国的第一批地震观测台使用试制的"513 型"地震仪在黄河流域建设区建立，共计 20 多个台站。随后在嘉峪关—酒泉、西昌—渡口等地区相继建立起地震观测台网。1958 年，中国第一个地震台网建设成功，该台网利用中国制造的基础仪器，由 12 个台站组成。自此，中国展开了对国内 5 级（含）以上地震和国外 7 级（含）以上地震的速报业务。同时，地震学家利用地震观测台网测定的地震数据，开始对区域地震活动进行研究。

1966 年邢台发生地震后，在中央政府的大力协调下，我国开始大规模的地震预报科学考察。③ 20 世纪 70 年代以来，地震物理学的发展为地震预报提供了物理基础，这一学科的相关研究已经成为中国地震研究的重要课题。1975 年海城地震的预测和震前疏散被认为是中国乃至世界地震预测的第一次成功尝试，使人们看到了地震预报的希望。然而，用预测海城地震同样的方法，中国地震学家未能预测 1976 年的唐山地震。唐山地震预测的失败给地震预测工作的开展带来沉重的打击，使科学家们发现中国在地震预测技术和知识储备上的不足。

---

① "候风地动仪"，https：//baike. baidu. com/item/%E5%80%99%E9%A3%8E%E5%9C%B0%E5%8A%A8%E4%BB%AA/2534290？fr=aladdin. html。

② "鹫峰地震台"，https：//baike. baidu. com/item/%E9%B9%AB%E5%B3%B0%E5%9C%B0%E9%9C%87%E5%8F%B0#4。

③ 陈章立：《我国地震科技进步的回顾与展望（一）》，《中国地震》2001 年第 3 期。

20 世纪 70 年代末到 80 年代是中国地震学对外开放的一个重要的时期。通过国际合作，在联合国教育、科学及文化组织（United Nations Educational Scientific and Cultural Organization，UNESCO）的支持下，中国在北京—天津—唐山—张家口地区（1980—1984 年）、华北地区（1982—1986 年）以及云南西部（1980 年以来）与美国地震学家合作建设了地震预报实验站。1987 年，中美合作的中国数字化地震台网（China Digital Seismic Network，CDSN）开始运行，中国数字化地震台网拥有 10 个地震台站，形成了中国第一个国家级数字地震台网。几个世纪以来，中国地震学家与澳大利亚、日本和美国的地震学家、物理学家共同发起了亚太经合组织地震模拟合作（Asia-Pacific Economic Region Earthquake Simulation，ACES），取得了丰硕成果。地震科学开始从基础研究和发展研究向应用研究转变。1980 年国家地震局分析预测中心成立，起到了地震预测指挥部的作用。20 世纪 80 年代，中国组织了地震预报方案的试验，有 2100 多名科学家和技术人员参加，该试验为监测台网质量控制和优化做出了建设性贡献，促进了数字技术在地震观测中的应用，为 20 世纪 90 年代进一步发展奠定了基础。

（二）数字化发展阶段

地震观测台是人们研究和揭示地球内部奥秘的重要工具，也是开展地震预报预防研究与实践，以及开展地球科学相关领域研究的重要基础设施。20 世纪 90 年代是中国地震科技发展现代化的十年。在这期间，数字地震台在数字化地震仪设计与制造的推动下开始建设，标志着中国地震预测"数字化时间"的到来。这一时期，形成了国家全球定位系统观测网络，该网络包含 25 个连续观测的基础台站、56 个定期重复检测的基础台站和 1000 多个不定期重复检测的区域台站。2000 年，中国的数字地震台网和地壳观测网络正式建立完成，并顺利通过了验收，2001 年投入使用。同时，在全国数字地震前兆台网发展的过程中，建立了山东实测数字地震前兆台网，并逐步向山东全省普及。① 除了科技的发展，还有两项重大的科学进步对中国地震科学产

---

① 陈运泰：《地震预报研究概况》，《地震学刊》1993 年第 1 期。

生了深远的影响，一是复杂性物理学的发展，进一步表明中国方法在处理具有复杂行为的非线性系统时具有一定的合理性；二是对自然灾害的研究，特别是从减少灾害向减少灾害风险的转变，促使中国地震学家反思并发展了在不同时空范围内研究和应用地震预测方法。①

（三）立体化发展阶段

2009—2016 年，中国开展了活动断层填图、地球物理场填图、岩石圈结构调查等地震环境系统填图工作。2018 年 2 月 2 日，中国首个自主研制的地震电磁监测卫星——"张衡一号"成功发射，标志着中国成为唯一拥有在轨运行的多载荷、高精度地震监测卫星的国家。②"张衡一号"卫星是中国地震立体观测体系的第一个天基平台，旨在建造全球电磁场实时监测，它的成功发射也标志着中国的地震观测正在向立体化观测迈进。2018 年 5 月 12 日至 14 日，汶川地震十周年国际研讨会暨第四届大陆地震国际研讨会在成都召开，会上中国政府宣布在青藏高原东构造结附近的川滇菱形块体及其周边建设中国地震科学实验场（CSES）。③ 实验场地的主要任务集中于对地震学中科学问题的现场实验，从对地震断层构造的研究，到提出减少灾害风险的工程对策，表明中国政府在一定程度上强调地震系统科学，也标志着中国地震科学特别是地震预测研究"系统工程"时代的开始。④

近些年，中国大力发展地震预警技术，2017 年以来，中国地震预警系统工程启动并实施。地震早期预警可以将地震伤亡人数减少 50%以上。⑤ 2008 年汶川地震前，中国地震局地球物理研究所与台湾大学

① Wu Z., Ma T., Jiang H., "Multi-scale Seismic Hazard and Risk in The China Mainland with Implication for The Preparedness, Mitigation, andManagement of Earthquake Disasters: An overview", *Changsheng JiangInternational Journal of Disaster Risk Reduction*, Vol. 4, March 2013.

② 山东省地震局，《献礼祖国｜中国地震观测发展七十年》，中国地震局网站，https://www.cea.gov.cn/cea/xwzx/fzjzyw/5495790/index.html。

③ 地球所，《中国地震科学实验场科学概况》，中国地震科学实验场网站，http://www.cses.ac.cn/sycgk/lsyg/sycjj/index.shtml。

④ Wu Z., Zhu C., Li L., "Modern Seismology in China: Centennial Retrospect", *Journal of the Geological Society of India*, Vol. 97, No. 12, December 2021.

⑤ Strauss J. A., Allen R. M., "Benefits and Costs of Earthquake Early Warning", *Seismological Research Letters*, Vol. 87, No. 3, June 2016.

地球科学系共同完成了北京首都地区（Beijing Capital Region，BCR）的地震早期预警系统建设，该系统的建设得到了中国地震局地震监测预报司的支持。2010年1月以来，地震早期预警系统已发展成为一个以首都圈地震网为基础的实时系统，该系统由162个数字遥测地震台站组成，其中包括94个宽带台站和68个短周期台站，平均台站间距离约50千米。每个台站都配备了一个具有24分辨率的三分量速度地震仪。[①] 与之不同的是，四川地震早期预警系统于2010年建成，由第三方（Institute of Care-Life，ICL）与应急管理局（市、县级）合作运营。[②] 2019年6月17日晚22时55分位于四川省东部的宜宾市长宁发生了6.0级地震，此次地震触发了全省一些城市的地震警报，包括宜宾（距震中52千米）、乐山（距震中168千米）和成都（距震中245千米），警报分别在上述城市发生地震前10秒、43秒和61秒发出。

2018年"国家地震烈度速报与预警工程"项目开始建设，预计历时5年全面建设完成，计划在全国范围内建设超过15000个观测站点。项目建设完成后，地震预警能力将在地震易发地带等重点地区达到秒级，在全国范围内达到分钟级。根据预测地震烈度的不同，将地震预警等级由强到弱分为四级，并用红、橙、黄、蓝四种颜色分别表示（见表6-2）。

表6-2　　　　　中国地震预警等级与预测地震烈度的关系

地震预警等级	等级颜色	预测地震烈度
Ⅰ级	红色	Ⅶ度及以上
Ⅱ级	橙色	Ⅴ度、Ⅵ度
Ⅲ级	黄色	Ⅲ度、Ⅳ度

① Liu，R. F.，Gao J. C.，Chen Y. T.，et al. "Construction and Development of China Digital Seismological observation Network"，*Acta Seismologica Sinica*，Vol. 5，No. 21，2008；Zheng X. F.，Yao Z. X.，Liang J. H.，et al.，"The Role Played and Opportunities Provided by IGP DMC of China National Seismic Network in Wenchuan Earthquake Disaster Relief and Researches"，*Bulletin of the Seismological Society of America*，Vol. 100，No. 5B，November 2010.

② 王暾、林鸿潮：《多地震预警网的必要性、可行性及应用方案》，《中国应急管理科学》2020年第2期。

地震预警等级	等级颜色	预测地震烈度
Ⅳ级	蓝色	Ⅲ度以下

三　地震应急救援事业发展

1966 年邢台大地震是中国地震应急救援事业发展的重要节点，此后，党和政府制定了一系列具体措施，持续完善和健全地震应急救援方面的法律体系和制度建设，并制定了适应当前中国防灾减灾与抗灾救灾事业发展要求的、具有中国特点的地震应急救援工作体制，促使中国地震应急救援事业在更科学合理的发展轨道上继续前进。

（一）邢台地震时期

邢台地震在中国地震应急救援的发展历程上是一个重大转折。虽然在当时的社会条件下，我们不能对地震做出及时的应对准备，无法快速获取灾情信息，对于灾情的进一步发展无法做出及时判断，救援部署工作难免出错，但是不得不承认，对于中国地震应急救援事业的发展，邢台地震的应急救援工程起着重要的推动作用。

一是在救灾机制上，确定了以预防为主的思想。20 世纪 70 年代，政府陆续在被确认为具有重大震害威胁和中期预测目标的地区，成立抗震防灾一体化组织体制。有关地区和城市也成立了抗震领导小组或地震防灾减灾委员会，震后即为救灾指挥机构，对实现快速救援的目标和减少重大人员伤亡及经济损失意义重大。

二是在组织指导布局上，确定了以地方行政区域为主的思想。邢台地震之后，政府确立了按行政区划统筹领导和集中管理救灾各项工作的统一指挥布局，对受灾抢险措施和救助工作进行了统一指挥和调度，实际上也就是采取以属地管理工作为主的管理原则。

三是积极发挥各方自助互助的作用。震灾后，驻扎在全国各地的军队立即行动，震灾后 3 小时内主要部队抵达灾区，紧急加入抗震救灾的救援队列之中，震灾后 2 天内有 2 万名军人赶到灾区实施救助活动。在对被瓦砾掩埋的灾民进行救援时，当地民兵和受灾者的自救和互救都是不可忽视的力量。邢台地震的应急救援工程，让各级政府领导看到了地震应急准备和防范的重要性，进一步促进了救火团队的建立与抗震科普工作的深入开展。

（二）唐山大地震时期

1976 年 7 月 28 日凌晨，中国河北唐山发生了 7.8 级大地震，这次地震是中国历史上一场罕见的剧烈地震。面临如此巨大的地震灾情，党中央、国务院紧急召开会议商讨此次抗震救灾的具体方案，会议决定：第一，迅速建立地方各级抗震救灾指挥部；第二，组建以中国人民解放军为主导的救灾队伍；第三，按专业性质对口救灾；第四，形成现场和后方相结合的综合救治体系。

唐山地震救援使人们深刻地了解到，事前做好规划对于救护物资、抢救队伍等的有序调整具有非常重要的意义。唐山地震的应急救援处置，在一定程度上对中国紧急预案概念的产生与发展有着促进意义。在历经了邢台和唐山两次特大地震后，中国地震部门进一步总结经验和教训，制定了应对地震灾难的措施和救援标准，为中国紧急预案概念的建立提供了现实基础。1988 年耿马 7.6 级大地震后，为了更高效、有序地处理重大地震灾害事故，中国地震局参考海外应急救援的先进经验和做法，率先在中国地震频发危险区组织进行了地震紧急预案编制。1991 年，中国的第一部紧急预案《国内破坏性地震应急反应预案》发布实施。[1]

（三）汶川地震时期

2008 年 5 月 12 日，四川省汶川县发生了 8.0 级剧烈地震，造成了巨大的人员伤亡和经济损失。震后第一时间，党中央、国务院和中央军委紧急召开会议做出了战略部署，170000 救灾人员立即赶赴灾区进行救助，其中，中国人民解放军与武警部队约 137000 人，消防和抗震救助部队约 18000 人，矿山、危化救援组织约 4000 人，海外救援队共 8 支，此次救援是中国历史上震害巨灾救助规模最大的一

---

① 中国地震局震灾应急救援司：《新修订〈国家地震应急预案〉解读》，《中国应急救援》2012 年。

次，也是中国第一次接受海外救灾组织的巨灾救助。① 汶川特大地震是新中国成立至今所遇到的救灾难度最高、救灾区域最广、完成搜救埋压人数最多、转运灾民数量最多、投入抢救资源最多的一场大型地震，也是中国最早运用现代化救灾理念和先进抢险救灾科学技术成果的一场大型救灾活动，为中国累积了抗震救灾的宝贵经验。

对于汶川地震的应急反应是中国政府前所未有的。地震发生后，中国地震局迅速派出专家小组赶赴灾区。地震发生后仅 90 分钟，时任国务院总理的温家宝抵达灾区视察救援工作。5 月 12 日晚，国务院抗震救灾总指挥部成立，国务院总理温家宝任总指挥。总指挥部成立了救援队、地震监测等 10 个工作组和 1 个专家委员会，还在四川省会成都设立了前线指挥部。同日，成都军区派出 5 万名军人和武警部队前往汶川协助救灾工作。在很短的时间内，全国都动员起来进行地震应急救援工作。截至 5 月 30 日，已有近 84000 人获救，超过 1500 万人被疏散并转移到安全的地方。②

在汶川抗震救灾中，灾区出现了大量地震专业救援部队和非政府组织救援团队。这些为数不多的抗震救灾专业应急救援队伍在急难险重任务中发挥了重要作用，通过扎实的专业知识、灵活多样的应对举措及勇敢坚强的奉献精神，为灾区人民送去了新生活的希望与勇气，得到了当地党组织、政府及人民的高度评价与赞赏。汶川地震使我们认识到，建设现代化城市灾难应急救援体系需要拥有现代化、专业性的救援团队。同时，有组织的社区救灾义工团队配合灾区完成大量的救援，是灾区所能够依赖的主要辅助力量。

（四）2008 年至今

2008 年汶川地震让我们清楚地看到了中国应急救援体系存在的问题，暴露出防灾减灾工作的不足。由于缺乏建设标准，农村受灾严重，大部分农村地区没有做好防灾减灾工作，地方政府没有充分重视

---

① 贾群林、陈莉：《中国地震应急救援事业的发展与展望》，《城市与减灾》2021 年第4 期。

② Wang Z. F. ，"A Preliminary Report on the Great Wenchuan Earthquake"，*Earthquake Engineering and Engineering Vibration*，Vol. 7，No. 2，pp. 225–234，August 2008.

脆弱性评估、减少风险战略和以社区为基础的应急管理办法。从那时起，政府部门对如何优化该体系进行了深层次的讨论，并决定将重点放在应急管理计划和政策实施、应急救援团队建设以及应急救援安全文化发展上。

汶川地震中，桑枣中学成为全阶段应急管理成功的典范。此次地震中，2300 名学生和教师没有一人受伤，因为他们前期进行了充分的应急演习和教学楼整修。① 汶川地震后，中央政府启动了一项为期三年的全国中小学校舍重建计划。2008 年以来，应急管理改革的主要方向是明确地方应急管理体系的作用和责任，加强应急管理体系的建设。《中华人民共和国防震减灾法》和《国家地震应急预案》强调地方责任，明确了震后县级以上地方政府的工作职责和义务，国务院强调的属地管理原则也被纳入了新一轮的应急管理体制和灾害响应机制改革中。

这一时期，在中共中央、国务院和中央军委的指导下，中国地震防灾减灾应急救援队的人员数量增加，在编人数由刚成立时的 240 人迅速扩编至 480 人，技术装备也更加先进。在各级政府部门的关注与帮助下，省级救护队伍迅速发展并壮大至 83 支，约 15000 人，市（地）级救护队伍 1000 多支，约 106000 人，县（市）级救护队伍 2100 多支，约 134000 人，基层专业救助力量也逐步壮大。② 这一时期，基层单位的社会救助能力建设取得了很大进展，为基层政府先期处置工作的高效、有序进行提供了有力的保证。

在"十一五"和"十二五"时期我国的应急救援队伍不断发展壮大，八个陆地搜索和救援项目基地相继投入使用，截至 2018 年，培训基地已开设了各种技术培训共 322 期，近 21000 人次参加培训，培训人员范围覆盖了全国各地。进入"十三五"时期，基本建成了中央、省、市和县四级抗震救灾应急救援体系，我国的地震灾情预报体

① 李菁：《地震奇迹桑枣中学师生无一伤亡》，央视网，http：//www.cctv.com/program/qqzxb/20080601/102410.shtml。
② 贾群林、陈莉：《中国地震应急救援事业的发展与展望》，《城市与减灾》2021 年第 4 期。

系也得到进一步完善，应对重大自然灾害发生的紧急救援救助能力也有了提高。2021 年 5 月 14 日，应急管理部开展了"应急使命 2021"综合演练，经过检查与评价，救灾部队的全要素应急水平、全灾种综合应对能力和全天候应急准备等基础能力明显提高，人员构成与任务方向更加明晰，快速开展重大紧急救灾任务的远程机动能力、现场指挥与控制能力、态势研究与评估能力、信息技术运用和应变能力、队员的自我保护能力和通信后勤综合保障能力等普遍提升。至此，中国特色重大紧急救灾能力管理体系已基本建立。

第二节　中国地震防灾减灾事业成效

通过对中国地震防灾减灾事业的回顾，可以看到，新中国成立之后，特别是党的十八大以来，以习近平同志为核心的党中央对新时代中国防震减灾工作，做出了更具体的指示，引领了新时代中国防震减灾事业的改革与发展，中国的防震减灾技术水平在不断提高。国家防震减灾技术发展步入了法制化科学管理的新轨道；地震防灾减灾工作的运行机制与管理体系进一步健全。长期以来影响和制约中国防震减灾科技发展的重大科技体系水平和技术装备质量落后的面貌都有了一定程度的改变。通过不断改善地震预测技术，中国地震监测和预报水平持续保持在世界领先地位，防震减灾技术基础与应用研究水平有了较大提升，全国防震减灾科技队伍结构和整体科学技术能力进一步发展，科研成果转化水平进一步提高，全社会的防灾减灾意识水平和群众对地震的心理承受能力得到进一步加强；国际交流与合作也取得明显进步。[①] 体现在如下多个方面。

一　法制建设不断推进

改革开放至今，中国地震局紧跟党和国家政府管理工作发展的大

---

① 周云、张超、郭永恒等：《中国（大陆）防震减灾十年回顾与展望》，第三届全国防震减灾工程学术研讨会，2007 年。

局，积极主动顺应中国治理模式的改革，紧跟事业发展方向，不断健全和完善中国防震减灾技术管理体系。目前，以中国地震局为主，其他各省政府鼎力相助共同领导省级防震减灾工作的开展，逐步形成了新的防震减灾管理体系。该举措也使地方财政投入方式得到有效的拓展，公共财政保障力量得以强化，为地震防灾减灾技术水平革新和防灾减灾事业改革蓬勃发展提供了保障。40 多年间，国家通过坚持对地震防灾减灾事业科学健康发展和长期快速发展的重要引导，坚持地震防灾减灾综合计划与国家计划同时制定和同步执行，逐步形成了地震防灾减灾规划体系，国家地震防灾减灾事业发展迈进了规范化和法制化的发展轨道。同时，国家地震防灾减灾立法工作进展顺利，国家部门立法工作、区域政府立法工作持续深入，加速推进了中国地震防灾减灾制度的建立和法制化进程。当下，中国各级防震减灾工作体制框架已基本建立，党中央和国务院有关部门把防震减灾工作列入国民经济、社会发展计划和长远规划中的要求也得以实现。在各类国家科技发展规划中均从不同层面和深度上体现了防震减灾工作的要求。中央初步确立了与地方防震减灾计划体制以及相关经费渠道，对地方合理承担防震减灾计划的科技投入予以明确方案。各级政府对防震减灾科学技术工作的领导责任得到强化，政府主导并统一监督管理，分级分部门管理的防震减灾科学技术工作运行机制和质量管理体系更加健全，地震部门的技术管理意识和技术水平也有所提升。国家建设部对建设抗震防灾各项工作做出了全方位的战略部署和较完善的指导。为指导各地工程项目的抗震建设，当地工程建设主管部门也相应地出台了大量的适合当地实际状况的政府规章制度和技术政策。

二　地震监测预报成绩突出

改革开放至今，中国的地震灾害监测预报事业已经走出了一条具有中国特色的康庄大道，并取得了巨大进步。在 1978 年改革开放提出的"走出去引进来"政策的推动下，中国开始大量借鉴国外地震防灾减灾的前沿科技和最有效的防灾减灾经验。经过 40 多年坚持不懈的努力与革新，取得了由粗到精、由弱到强的历史性突破。如图 6-1 所示，地震台网建设经历了起步成长阶段、规范发展阶段、规模跨越阶段。经过改革开放以来40多年的建设与发展，监测台网在布局规划方面越来越合理，已初步完成了从单台局部拓展到全覆盖立体化的布局，地震台网中的台站仪表装置越来越规范智能，已实现从人工模拟到数字化网络化的全面更新；地震观测设备越来越完备，观测条件也越来越好，已完成从因陋就简到整齐标准化的过渡。

地震监测仪器经历了人工观测、模拟观测、数字化观测、网络化观测四个阶段的发展，完成了从模拟观测到网络化观测的飞跃。[①] 通过创新研究，覆盖频度越来越广，观测动态范围越来越大，采样精度越来越高。基本实现了地震监测技术的数字化、网络化和系列化。

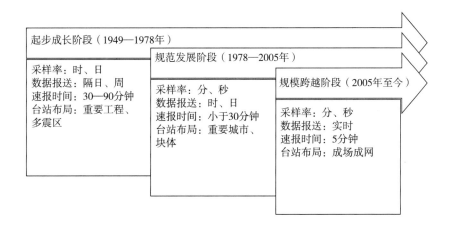

图6-1　中国地震监测台网发展进程

资料来源：总结整理自王英、李巧萍、韩杰《防震减灾40年砥砺奋进创辉煌》，《防灾博览》2019年第1期。

地震预测实现了从经验性统计预测向数值物理预测的延伸。通过对300多个地震事例调查和预测方案的系统整理，形成了标准经验统计地震灾害预测指标系统，建立了相对合理的经验统计地震预测指标，完成了20多次有减灾效果的短临预测，开始了数值物理预测研

---

① 王英、李巧萍、韩杰：《防震减灾40年砥砺奋进创辉煌》，《防灾博览》2019年第1期。

究工作，使地震预报体系成为中国防震减灾工作核心的出发点与落脚点。中国的地震早期预警系统取得了巨大进展，在一些地区，预警系统已经成功地在地震来临前向公众发布预警信息。[①]

三 应急救援日益增强

中国地震部门从 2000 年开始建立地震灾害应急救援管理体系以来，根据"快速、高效、有序"的工作目标，健全了应急救援体系，并初步形成了应急指挥预案管理体系、应急救援现场工作管理体系和应急救援服务保障体系。采取指挥联合、应急预案先行、综合统筹、资源整合、属地管理等新方案，对新时期地震应急救援管理的基本思路和措施进行了新的探索，全面保障我国综合减灾事业的顺利开展。目前，中国各省份均已建立国家抗震救援指挥组织，中国地震重点监视防范区县级以上的政府已组建"平震结合"的地震事件紧急领导组织，以便在地震到来时开展地震应急指挥四级统筹联动。

在一次次的应急救援中，地震应急救援队伍发挥着重要作用。中国的地震应急救援队伍是在 2001 年成立的，成立 20 多年以来，根据党中央和国务院的命令，不仅在国内先后完成了四川汶川、青海玉树、四川九寨沟等地 11 次地震紧急救援任务，还先后开展了 10 次 13 批国际合作救灾行动。[②] 应急救援队伍出色的表现得到了受灾民众、受援国政府以及国际社会的赞扬，中国的大国形象得到了充分展现。

地震灾区的应急管理工作要保证其开展速度快、效率高，应急救援期间，时间就是生命，救援队必须确保在第一时间把救援物资送到受灾地区，同时要能对道路、供电和通信设施的紧急修复工作做出快速反应。中国地震局在 2002 年 2 月专门建立了地震灾害事故现场科学考察应急工作队，该工作队具备精干高效和准军事化的国家级标准。地震现场工作队伍的建立，能够确保受灾现场工作的有序开展。

---

① Zhang M., Qiao X., Seyler B. C., et al., "Brief Communication: Appropriate Messaging is Critical for Effective Earthquake Early Warning Systems", *Natural Hazards and Earth System Sciences*, February 2021.

② 王英、李巧萍、韩杰：《防震减灾 40 年砥砺奋进创辉煌》，《防灾博览》2019 年第 1 期。

国家级现场应急工作队成立后，各省级地震局也先后建立并完善了当地的地震现场工作队伍。

四　科技创新硕果累累

改革开放以来，中国政府为了实施地震科学技术革新，增加了对抗震工程领域的科研投资，积极支持科研机构和高等院校等进行防震科技创新研究。随着地震科学技术研究的日益发展，科学研究成果的应用和转化得到了进一步加强。新结构、新技术、新材料等方面的研究成果得到了广泛应用。目前，中国在地震科学技术方面取得的研究成果已达到国际领先水平，产生了广泛的国际影响。

中国地震科技创新体系不断提升和完善，在两院院士的带领下，国家成立了以地震系统科研院所和地方地震机构为附属的地震科学技术专家团队。该团队是包含7000多名地震科学研究人员在内的地震科研人才队伍，是集科学研究、技术开发和管理服务为一体的现代化地震科技研究团队。此外，地震科学技术的投入途径也越来越多，为形成特色的优势专业，国家建立了多类型的科研创新平台。

基础性科学研究成果进步明显。通过大量基础性的地震科学研究工作，地震科研团队进一步发展了跨学科的监测技术手段和试验技术，发现了大量关于探测、监测以及科学实验方面的数据和基础资料，实现了地震科研数据等资源的共享，为地震科学研究工作的实施打下了坚实的基础。通过稳步进行地壳活动和构造研究、地壳深层构造探测研究等基础性工作，产出了若干重要图集。中国科研团队在地震基础科研领域取得了丰硕的创新成果，获得了多项国家自然科学奖，发表了多篇高质量的论文，这一系列成就充分证明了中国地震科学技术所取得的瞩目成就。科研团队所获得的52项国家技术发明奖和国家科学技术进步奖为我国地震科学技术能力和经济发展做出了巨大贡献。

五　国际交流合作取得显著成效

中国同海外的地震科技交流合作规模不断壮大，20世纪末，中国已同世界20多个国家形成了官方合作关系，同世界40多个国家建立了长期合作伙伴关系，对外交流合作已形成深层次、多渠道、全方位的新局面，中国地震防灾减灾科学技术发展对国际的影响进一步深化。

住房和城乡建设部十分重视建设工程抗震研究方面的国际协作，多次主办并协助相关科研机构组织了不同主题的国际研讨会。研讨会上的工程抗震和城市防灾等领域的最新研究成果给中国抗震科学技术工程的提升奠定了基础。合理利用国际科学技术资源，提高中国地震防灾减灾综合能力，是开展地震防灾减灾国际协作的主要内容。中国地震防灾减灾对外交流合作工作实现了由学习借鉴到互利协作的重要跨越，促进了中国地震科学技术的飞跃性发展。改革开放以来，中国地震局通过建立国际双边合作项目，参加国外科研计划促进了中国同国外地震科学研究的交流与协作，实现了中国地震科学技术水平飞跃式发展，为中国地震防灾减灾事业做出了巨大贡献。

中国在地震防灾减灾国际交流合作方面的范畴不断扩大，合作层次持续深入，技术水平和影响能力进一步提升。近40年来，中国地震局充分利用现有优势，积极推进地震防灾减灾国际合作，为国家外交事业做出了巨大贡献。目前，中国已与80余个国家、13个国际组织建立了合作伙伴关系，协作内容涉及全球抗震减灾技术的方方面面，形成了全方面、多元化、高层次的协作局面，中国在国际地震科学与防震减灾领域的影响力显著提升。

第三节　中国地震防灾减灾事业存在的问题

一　法律法规亟须调整

《中华人民共和国防震减灾法》于2008年修订，距今已有14年，受地震防灾减灾救灾宗旨变化和地震防灾减灾科技飞速发展的影响，现有法律法规已难以适应防震减灾事业现代化发展的需要，无法涵盖全新的防灾减灾技术，因此存在立法空缺，亟须新的立法加以肯定与保护。[1]

---

[1]　王萍:《对我国防震减灾法律体系的分析思考》,《四川地震》2020年第1期。

　　中国当前的防震减灾立法体制还缺少动态立法的基本理念，在各个方面都和新时期中国防震减灾工作的新趋势、新任务和新特点有所差异，尤其是汶川地震以来，中国的防震减灾工作已经在各个方面都取得了重大进展，亟须新的立法体系加以明确与保障。例如，地震烈度速报和预警系统的建立已初见成效，国家要发挥其优良的社会效果，就需要通过立法把全国地震警报台网的规划与建设、地震警报消息的公布与处理和地震警报的宣传与应急演练等方面列入规范化管理。此外，国家在重点建设的抗震安全评价项目和普通建筑工程抗震设防监督检查方面都提出了新的要求，开拓了全新的工作模式，因此需要通过新的法律法规理顺相互关系，明确政府职能。我国在农村住宅震害安全工程、减隔地震技术、地震灾害保险和引入社会力量投入防震减灾工作等方面都获得了新的成功经验，但还缺乏具体的法律法规进行规定和明确，这都需要在未来防震减灾立法工作中得到落实和完善。

　　地震部门职责权限较为模糊。保证法律法规高效执行的关键问题在于权责的履行。目前，中国的地震防灾减灾法规将防灾减灾各方面的职权赋与给各级政府及相关地震管理部门，而在部分规定中对各政府及相关部门具体执行的工作权限却不能进行明确规定，极易产生职权交叉问题。

　　中国现有的防震减灾相关立法仍然处于单一型管理模式，缺少在自然灾害防范领域的综合立法。当下的立法模式无法协调和应对新灾种以及复合型灾种等诸多灾种问题，并不符合实际救灾工作中的统筹领导和综合协同原则。[①] 中国共产党十九届三中全会做出了关于全面推进党和国家机构变革的总体战略部署，成立了应急管理部，建立了综合型的消防救援队伍，也对国家应急管理机制进行了重要调整，但在地震防灾减灾法规体制方面并没有进行适当的调整。

二　地震预警技术面临挑战

　　首先，地震预警系统能以最快的速度通过多个通信频道把简单易

---

① 林鸿潮、张璇：《推进综合减灾立法提高灾害应急能力》，《紫光阁》2018 年第 3 期。

懂的地震信息传播给用户。国家通过建立自动接收和处置设备，能够提升基础设施、生命线和运输系统的安全性，降低由地震带来的次生灾害。现代地震预警系统可以大大降低重大地震的直接损失，提高社会的恢复能力。虽然地震早期预警系统的理论很简单，但实现要复杂得多。[①] 有效的地震预警系统必须准确地提供估计的地震参数，并提供足够长的预警时间，以供接收者实际使用。过去 30 年的大多数研究集中在评估系统和优化算法上，目的是提高地震早期预警的质量和准确性。然而，地震早期预警系统仍面临一些技术挑战，例如，如何有效缩小地震预警盲区，如何根据地震初期的数据实时反演破裂过程，准确判定破裂方向和破裂方式，以及预估的震级的可靠性等。[②]

其次，地震早期预警系统的期望与实际存在很大差距。有效的地震早期预警系统应经过充分测试并被广泛宣传，以便在发出警报时，人们可以理解其含义并有足够的时间采取适当的行动。[③] 当安装在居民区时，相关工作人员应通知居民了解该系统，最重要的是，应告知居民收到警报后，在震动开始之前采取适当行动。2019 年 6 月 17 日四川长宁发生地震时，成都的地震早期预警系统成功发出了警报，但是由于在地震前公众对地震警报认识不足，因此当收到预警信息时很少有人能够理解或做出响应。[④] 通过研究日本等国家应对地震的经验表明，对公众的教育培训和开展地震早期预警系统宣传活动是震前预警成功的关键因素。[⑤] 此外，至关重要的是向公众发出清楚的消息以及发出可采取行动的警告，有效的早期警报不仅要告知公众地震即将

[①] Allen R. M., Melgar D., "Earthquake Early Warning: Advances, Scientific Challenges, and Societal Needs". *Annual Review of Earth and Planetary Sciences*, January 2019.

[②] 王俊、刘红桂、周昱辰：《地震预警技术的应用与展望》，《防灾减灾工程学报》2021 年第 4 期。

[③] Kamigaichi O., Saito M., Doi K., "Earthquake Early Warning in Japan: Warning the General Public and Future Prospects", *Seismological Research Letters*, Vol. 80, No. 5, October 2009.

[④] Zhang M., Qiao X., Seyler B. C., et al., "Brief Communication: Appropriate Messaging is Critical for Effective Earthquake Early Warning Systems", *Natural Hazards and Earth System Sciences*, February 2021.

[⑤] Fujinawa Y., Noda Y., "Japan's Earthquake Early Warning System on 11 March 2011: Performance, Shortcomings, and Changes", *Earthquake Spectra*, Vol. 29, No. S1, March 2013.

来临，还应告知其相关的保护措施。预警信息可以是向公众提供指示
（例如，降落、掩护和等待）、地震起始时间、震中地区和次级地震区
的名称（例如，地震预警：某地区即将发生地震，请为强地震做好准
备），而不是提供有关预期震动强度或到达时间（倒计时）的信息，
以免引起不必要的恐慌。对不同级别的地震进行预警也是一个关键问
题，必须要避免过度警觉。四川的《紧急地震信息发布地震预警信
息》标准在 2019 年 4 月发布，长宁地震时尚未正式实施，但在没有
对成都市造成强烈震动和重大破坏的情况下，成都市发出的警报让许
多居民受到了惊吓。根据该标准（草案版本），仅当地震烈度预计为
中国地震烈度Ⅵ级时，才应向公众发出警告，但是对于如何处理假警
报、更新和取消的警告，仍然没有足够的指导。

三　地震应急救援处置能力薄弱

目前，中国地震信息数据采集机制还没有得到完善。地震灾害应
急所涉及的政府部门较多，例如，抗震救灾、民政、财经、教育、交
通运输和水利工程等。地震管理部门虽然已就地震灾情信息采集和救
灾消息通报等工作做了进一步的规范，建立了相应的信息收集渠道，
但未建立统一综合的抗震应急信息管理规范，在现行的规范中也并未
细化明确政府部门的具体任务和应担负的社会责任。各地方政府部门
都组建了抗震应对指挥部门，但各类受灾信息和救援工作动态情况等
沟通共享不足。根据近年来对抗震应急工作开展的务实性调查研究发
现，目前在受灾消息的收集和沟通等方面还存在着执行力水平低下、
操作性不强、针对性较弱、未能按时完成任务细化、各部门不能及时
共享灾区的灾情消息、无法及时开展灾情汇总统计工作等问题。

基于我国行政管理的特点，我国应急管理体系现出"强中央，
弱地方"的特点，严重依赖垂直指挥链。虽然一个强大的中央政府可
以对灾难做出快速有效的反应，但这也可能导致地方灾后恢复投资建
设力度不够和以社区为基础的应急管理存在大幅度的欠缺。此外，中
央政府的过度干预可能会导致资源的浪费，也可能导致地方政府完全
依靠中央政府进行救援，对救灾和提供灾后恢复资源不作为的消极
态度。

救援人员和物资投入不合理。完善程度较低的灾情信息共享制度和精准性较低的信息都会导致无法精准确定救援人员和救灾物资进入灾区的时机、范围和数量，造成救灾力量与救助物力分配不平衡。然而，目前以政府援助为主的救灾物资运输模式在物资保障上成本较高，尤其是高原山区地震后的物资保障成本更高，物资在交通运输条件较好的地方往往供应过剩，但在某些地区却无法抵达，物资供给发生严重失衡。此外灾区还容易发生物品供求不平衡的状况，例如灾区需要药品或御寒物品，结果食品过多，造成供求不匹配。

灾后修复重建工程项目质量难以确保，统筹规划缺乏民意支持。某些灾后修复重建工作既未征求民众意见又未经调查研究，更未能汲取和总结历史经验教训，导致产生若干问题。例如，2009 年云南姚安的灾后重建工作由政府统筹规划，村民搬进刚建好的房屋不久，就反映出现了严重的房屋质量问题。另外灾后恢复重建的速度较快，虽然让受灾人民早日过上正常的生活是大家的期盼，然而恢复与重建过程有时充满行政命令的色彩，赶工期所带来的工程项目质量问题就是行政命令下的必然产物。众所周知，赶工期带来的设计施工安全问题、项目可用时间问题以及项目质量问题等非常多，尤其是在高原地区，道路修复与重建工程受天气、交通和地质条件等各种因素的影响较大，如果赶工期，其项目安全问题的严重程度也将更大。

四 防震减灾科普宣传力度不够

深入开展地震防灾减灾科普宣传教育工作是增强人民群众科学素养的一个关键环节，人民群众的整体科学素养可以通过普及防震减灾知识和科学方法得到进一步提高。目前中国民众防震减灾的意识依旧薄弱，缺乏相应灾害防范意识、地震应急知识和自助或互助的能力，唯有通过进一步开展地震防灾减灾科普宣传教育工作，增强人民群众对地震灾害的防范意识和处理自然灾害的能力，才能最大程度减轻地震给人们所造成的损失。[①] 抓好防震减灾的科普工作，各部门各单位

---

① 周琳：《我国防震减灾科普工作现状分析及对策研究》，《科技创新与应用》2018 年第 28 期。

都要担负起责任，但目前部分领导干部对地震科普宣传工作缺乏重视，不能积极主动的开展防震减灾科普宣传活动，甚至认为防震减灾科普宣传教育不是重要任务，对加强开展地震防灾减灾科普宣传活动认识存在缺失的现象。科普宣传教育工作由于缺乏独立的宣传教育组织，同时没有资金保障工作的顺利开展，科普教育工作人员也散落于各个行政部门，职责交叉，没有具体的任务分配，使工作进行艰难。此外，当前的科普教育工作人员数量不足，缺少人才培养机制。我国相关部门对从事地震科学教育普及宣传工作能力强的人才引进有困难，现有人才无法长期稳定下来，综合型人员储备不够，与其他行业的高质量人才规模、发展速度和工作效益等比较存在严重不足。不少单位都未开展过科普教育技术培训工作，只是低头干活，不进行技术培训，不更新科学知识和方法，这些都不利于科普教育工作健康和持久地发展。

科普创作形式单调，创意力量有限。现在，国家防震减灾科普作品展示设计水平还比较落后，科普书籍和影视作品的原创能力也比较弱，科普宣传活动没有统一的标准，宣传内容也不够通俗易懂。特别是部门之间都"闭门造车"，缺乏交流和协作。

在新媒体时代，地震灾害谣言往往会通过现代化的信息媒介快速传播，从而造成公众恐惧和对社会秩序的扰动。面对中国地震灾害短临预报较难的现状，增强公众的安全感，防止谣言带来的社会过度恐慌，尽可能减少因震害所带来的社会重大损失，就需要国家把防震减灾科普宣传视为主要的工作内容，使其成为增强公民紧急避难意识与能力的一种措施。防震减灾科技唯有与公共教育和地震灾害紧急管理制度等进行有机融合，方可达到最佳效果。[①] 中国从 2014 年开始引入并普及地震预警系统，它利用 P 波和 S 波的时间差和电磁波与地震波的速差，在一定区域内迅速传播地震灾害信息，但如果政府部门没有设立相关的应急机制标准，公民没有紧急避难常识，这套体系很有可能引发巨大的社会恐慌，甚至导致非必要逃生而带来的次生灾难。

---

① 王宏伟：《防震减灾与抗震减灾制度融合从历史转折的窗口眺望新作为空间》，《中国安全生产》2019 年第 5 期。

第七章　中国地震抗灾能力指数体系构成

　　中国地震抗灾能力指数体系包括编制原则、编制思路以及指数评价体系构建三个部分。编制原则是构建中国地震抗灾能力指数的科学依据。编制思路是构建中国地震抗灾能力指数的科学向导。指数评价体系构建部分介绍了中国地震抗灾能力指数评价体系的指标构成和方法选择。在编制中国地震抗灾能力指数的前期，评价指标选择的合理性决定了地震抗灾能力指数编制的优良程度。评价指标的构建一方面要考虑中国灾害系统的结构和功能以及地震灾害本身的特点；另一方面还要考虑中国地震抗灾能力的现状以及防震减灾政策等现实发展状况。鉴于抗灾能力是一个综合性概念，合理界定地震抗灾能力指数的编制原则、明确地震抗灾能力指数编制思路至关重要。

第一节　中国地震抗灾能力指数编制原则

　　编制中国地震抗灾能力指数需要遵循一些原则，比如要与中国地震抗灾能力的建设及未来规划发展相匹配，也要遵循科学性和合理性的原则，保证地震抗灾能力指数评价指标选择的实用性，当然，为了便于计算，也要遵循定性与定量相结合的原则，使度量口径保持一致。

一　规划原则

　　合理构建中国地震抗灾能力指数是有效提出抗灾能力决策意见的向导。地震抗灾能力指数的构建应该符合中国防震减灾规划，必须要与中国防震减灾事业的顶层设计方向保持一致，二者之间密切衔接，相互补充，做到既能科学客观地评估中国地震抗灾能力水平，又能指引中国地震抗灾能力建设及未来发展。

二　系统性原则

抗灾能力是一个综合性概念，选择地震抗灾能力指数的评价指标应尽可能地覆盖整个抗灾过程，不仅要反映地震灾害各阶段的抗灾能力，还要探究社会、经济、环境等方面对抗灾能力的影响，通过反复筛选，保证指标选取的全面性。同时，各个评价指标要相互独立且彼此联系，要存在一定的层次性，自上而下，从局部到整体，形成一个完整且系统的评价指标体系。

三　科学性和合理性原则

中国地震抗灾能力指数评价指标的选择要有理有据，保证其科学性和稳定性，要统一标准度量口径。同时要考虑中国地震抗灾能力指数体系的编制可行性和可操作性。评价指标的选择要保证各指标的含义指向明确，避免较强的内部关联性以及相互交叉等问题。此外，不仅要保证评价指标的可选择性，也要保证评价指标数据的可获取性。在满足上述基本要求的前提下，减少指标个数，简明实用，降低评价指标的复杂度，提高实用价值。

四　定性与定量相结合原则

中国地震抗灾能力指数所选择的评价指标涵盖范围广，评价指标体系的构成较为复杂，为了客观全面地衡量地震抗灾能力指数，除了可定量处理的指标外，还会涉及部分定性指标，为降低计算复杂度，对于不能直接量化的部分定性指标，需通过其他途径实现量化处理。同时本书将统一度量口径，便于指数间的纵向和横向比较。

第二节　中国地震抗灾能力指数编制思路

根据灾害系统理论、灾害系统动力学一般模型（见式 7-1），灾害系统是由孕灾环境稳定性（S）、致灾因子危险性（R）、承灾体脆弱性（V）三者共同作用的结果。

$$\frac{\mathrm{d}D}{\mathrm{d}t} = \Phi(D, \lambda)$$

$$= \Phi(S(t), R(t), V(t), \lambda) \qquad (7-1)$$

式 7-1 中，D 为灾害系统，$S(t)$ 为孕灾环境稳定性函数，$R(t)$ 为致灾因子危险性函数，$V(t)$ 为承灾体脆弱性函数。

中国地震抗灾能力指数编制思路如图 7-1 所示。就地震灾害而言，地震灾害系统的各个要素之间的相互关系可表述为：在孕灾环境（地球表面的物质圈、岩石圈等自然系统）的作用下，某地区存在的致灾因子（地震即地面振动，由地球内部缓慢积累的能量突然释放引起）释放能量，作用在承灾体（人类或社会系统）上形成灾害。地震预测困难，致灾因子不易预见，且孕灾环境复杂多变，因此地震灾害预防、应急、恢复和灾害损失评估等研究大多围绕承灾体展开。本书中主要考虑承灾体的脆弱性，包括承灾体面对地震灾害所表现的暴

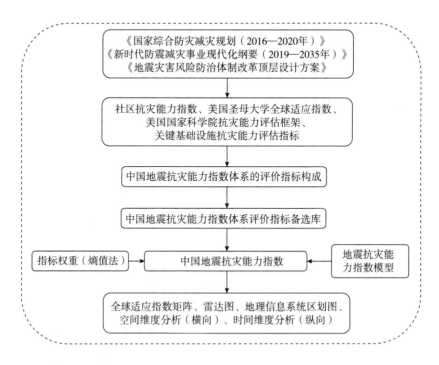

图 7-1　中国地震抗灾能力指数编制思路

露性、敏感性及适应能力。不同地区即使面对同样等级大小的地震，遭受的灾害损失也不一样，通常灾害风险等级随着脆弱性等级的提高而增大。抗灾能力作为涉及灾害预防、应对和灾后恢复的一种综合能力，贯穿于整个灾害的开始和结束。抗灾能力的大小在一定程度上影响着灾害受损等级。抗灾能力大的地区有较强的灾害应对和恢复能力，能及时从灾害中恢复到正常状态，从而降低灾害损失。相反，抗灾能力小的地区则需要投入较长时间开展灾后恢复重建工作。因此提升抗灾能力有助于降低地震灾害损失程度。美国圣母大学全球适应性指数及美国国家科学院抗灾能力评估框架等评估体系提出了抗灾能力的大小与承灾体脆弱性、受灾地区社会经济水平，以及该地区为预防地震灾害所做的准备程度密切相关。结合地震灾害系统理论和抗灾能力影响因素可知，承灾体的相关属性是评价地震抗灾能力指数的关键指标。承灾体属性主要包括承灾体自身特质、脆弱性水平以及社会经济水平。承灾体自身特质属于其内在属性，往往不易量化和推广，故本书不予考虑。因此本书将承灾体脆弱性和承灾体所属区域为应对地震灾害所具备的能力和准备程度（简称准备程度）作为构建中国地震抗灾能力指数体系的两个关键性的评价指标。

为综合考虑中国各地区防灾减灾事业的发展，合理评估中国各地区地震抗灾能力水平，构建中国地震抗灾能力指数，不仅要建立在灾害系统理论基础上，还应与中国国情相适应，做到理论与实际相结合，这样才能有针对性地对中国地震抗灾能力建设提出合理的建议。在充分考虑《中华人民共和国防震减灾法》《新时代防震减灾事业现代化纲要（2019—2035年）》《地震灾害风险防治体制改革顶层设计方案》《国家综合防灾减灾规划（2016—2020年）》等规划、法律政策的基础上，本书将中国地震抗灾能力指数体系与中国防震减灾政策相结合，研制一套符合中国国情的中国特色地震抗灾能力指数体系，为评价中国地震抗灾能力水平提供新的思路、方法。

第三节　中国地震抗灾能力指数评价体系构建

本书以《国家综合防灾减灾规划（2016—2020 年）》《新时代防震减灾事业现代化纲要（2019—2035 年）》等规划为基础，以全面系统地评估中国地震抗灾能力水平为目标，借鉴国内外相关抗灾能力指标体系［包括社区抗灾能力指数、全球适应指数、美国国家科学院抗灾能力评估框架、关键基础设施（CI）能力指标体系等］，基于实地调研和相关文献资料，构建一套符合中国国情的中国地震抗灾能力指数体系，用来衡量中国地震抗灾能力水平。

一　中国地震抗灾能力指数体系构建依据

建立中国地震抗灾能力指数体系的首要任务是确定一套科学合理的地震抗灾能力指数体系框架，然后选取恰当的评价指标对抗灾能力指数进行衡量，从而构建一套完整的地震抗灾能力指数体系。

（一）中国地震抗灾能力指数体系框架

以《国家综合防灾减灾规划（2016—2020 年）》《新时代防震减灾事业现代化纲要（2019—2035 年）》《地震灾害风险防治体制改革顶层设计方案》等政策为指导思想，依据中国地震抗灾能力指数编制思路，结合灾害系统理论，将中国地震抗灾能力指数分解为两个部分：地震承灾体脆弱性指数（earthquake vulnerability index，EVI）和地震准备程度指数（earthquake readiness index，EPI）。从地震承灾体脆弱性和地震准备程度两个关键性的评价指标出发，构建中国地震抗灾能力指数体系的评价指标。

1. 承灾体脆弱性

脆弱性是描述承灾体性质或状态的评价指标，通常指系统容易受到气候变化造成的不良影响或无法应对其不良影响的程度。脆弱性也是反映系统暴露性、敏感性以及适应能力的函数。承灾体脆弱性与抗灾能力成反比，脆弱性越强，抗灾能力越弱。在《地震灾害风险防治体制改革顶层设计方案》中明确指出地震灾害风险不仅与地震这一自然灾害有关，与人文和生态环境的脆弱性和暴露性也高度相关，呈现出由直接灾害向次生和衍生等多风险灾害演化的新趋势，由传统的危害人类和破坏建设工程向影响经济发展和社会稳定转变的新动向。研究表明，地震灾害损失主要是指人口伤亡和建筑工程破坏，其中造成的直接经济损失占总损失比例最大的是房屋建筑和生命线工程（供水、供电、供气、交通、通信）这两大损失。因此，本书根据《地震灾害风险防治体制改革顶层设计方案》的总体要求和地震灾害损失的现状，从人口、建设工程和生态环境三个方面来衡量中国地震灾害承灾体脆弱性程度。

人口脆弱性主要用于反映某地区人口密度及人口构成情况，在遭受地震灾害时，人口密度与暴露性，脆弱性呈显著正相关。

建设工程脆弱性主要是反映各地区建（构）筑物、关键基础设施及水、电、气、综合管廊等生命线系统的抗灾能力。本书认为暴露于外界的基础设施和生命线系统均有受到地震灾害冲击、破损、毁坏的可能性。

生态环境脆弱性主要用来反映某地区地震灾害发生的可能性，以及当地的生态环境状况。鉴于地震灾害情况特殊，各地区地质特征不易量化和获取，且地震灾害与地质特征之间的关联现在还尚处于探索阶段，故在本书中采用某地区的生态环境状况、植被覆盖率、公园个数等评价指标衡量生态环境脆弱性。

2. 准备程度

准备程度是指系统或承灾体为防御、应对自然灾害所做的准备情况以及该地区抵御灾害所具备的能力和资本。准备程度越完善，抗灾能力越强。为了系统全面地衡量准备程度，本书引入可持续生计分析框架（sustainable livelihoods framework，SLF）来衡量各地区应对地震灾害的准备程度。该框架是一种新的围绕可持续发展而提出的研究工具，主要是通过分析社会和物质环境之间的多维复杂关系，减少灾害风险（见图 7-2）。图中描述了可持续生计分析框架，介绍其主要组成部分及其内在联系。箭头表示各组成部分之间的关系及相互之间的影响程度；脆弱性表示人们居住的外部环境及生活可能受到灾害冲击的影响；其中，五边形框架是可持续生计分析框架的核心，它由五种资本类型组成：经济资本、社会资本、自然资本、物质资本和人力资本。鉴于自然资本在地震灾害防御方面可做的准备有限，本书将主要以社会资本、经济资本、物质资本和人力资本来衡量准备程度。

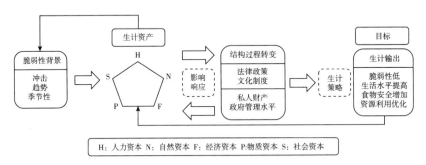

H：人力资本 N：自然资本 F：经济资本 P：物质资本 S：社会资本

图7-2 可持续生计分析框架

社会资本主要用来反映社会救援准备情况，主要体现在医疗设施、就业、教育等方面；经济资本是用于反映某地区的经济实力；物质资本在本书中指地震观测点数量、地震台网建设及应急物资储备等能力；人力资本用来反映从事地震灾害研究的科研人员及地震救灾应急人员数量情况，主要指某国家（地区）的经济、教育、事业单位等方面的人员数量。

综上所述，中国地震抗灾能力指数体系是一套涵盖人口脆弱性、建设工程脆弱性、生态环境脆弱性、经济资本、物质资本、人力资本、社会资本的地震抗灾能力评估框架（如表7-1所示）。

表7-1 中国地震抗灾能力指数体系框架

一级指标	二级指标		三级指标			指标类型
			暴露性	敏感性	适应能力	
承灾体脆弱性	人口		指标1-k	指标1-k	指标1-k	负向指标
	建设工程	建（构）筑物	……	……	……	负向指标
		生命线工程	……	……	……	负向指标
	生态环境		……	……	……	负向指标

续表

一级指标	二级指标	三级指标			指标类型
准备程度	社会资本	指标 1-k	指标 1-k	指标 1-k	正向指标
	经济资本	……	……	……	正向指标
	物质资本	……	……	……	正向指标
	人力资本	……	……	……	正向指标

（二）中国地震抗灾能力指数评价体系的指标选取

地震抗灾能力指数评价体系的指标选取是该体系的核心实质内容，因此合理地选取评价指标是构建抗灾能力指数体系的重点。

关于地震抗灾能力指数评价体系的指标选取目前主要集中在两个领域：一是学术领域。通过整理资料得出一套评价指标体系，或者对现有指标加以补充和完善，形成个人研究的评价指标体系，这类评价指标所包含的信息普遍存在高重复率和高复杂性等问题。二是国内外专门从事灾害研究的科研机构通过长期研究总结形成了一套比较完整的评价指标体系。这类评价指标具有权威性强、覆盖面广、包含信息全面等优点。评价指标体系笼统复杂，不适合直接运用在具体的地区灾害评估中。目前，主观筛选法和客观筛选法是用于具体指标筛选的两种主要途径。主观筛选是专家主观的经验筛选（如：德尔菲法等），其存在的问题就是主观性强，与专家的知识面和经验有很大关系；客观筛选法主要依据现有的数据分析方法对指标进行选取（如：主成分分析法、极大极小离差法等），客观筛选法过度依赖原始数据，会忽略指标实际含义。本书在遵循中国地震抗灾能力指数编制思路的基础上，通过借鉴现有的国内外抗灾能力评价体系，形成中国地震抗灾能力指数评价指标备选库，再对评价指标进行初步筛选和定量筛选，最终选出能科学衡量中国地震抗灾能力指数的评价指标。

中国地震抗灾能力指数评价指标备选库的来源之一是美国圣母大学全球适应指数评价指标体系。美国圣母大学全球适应指数主要是衡量一个国家层面预防气候变化问题的指数（见表7-2），其编制的主要目的是加强世界各国对全球性气候变化危机的认识，指导各部门决策者对适应性能力弱的地区进行投资和帮助，并协助决策者做出应对决策。中国地震抗灾能力指数评价指标备选库的另一个主要来源是美国国家科学院提出的抗灾能力评估框架，该框架主要用于评价社区抗灾能力。美国国家科学院抗灾能力评估框架是 2014 年 9 月美国国家研究委员会在华盛顿特区召开抗灾能力研讨会上提出的一个抗灾能力评价指标框架，该框架主要用于提高社区抗灾能力（见表 7-3）。整个框架主要包括四部分内容：弱势群体、关键基础设施、社会因素、建筑环境。综合上述抗灾能力评价指标体系，根据中国《国家综合防灾减灾规划（2016—2020 年）》《新时代防震减灾事业现代化纲要（2019—2035 年）》《地震灾害风险防治体制改革顶层设计方案》和地方防震减灾条例等政策，并查阅相关资料，本书构建了中国地震抗灾能力指数评价指标备选库（见表 7-4）。

表 7-2　　　　　　　美国圣母大学全球适应指数评价指标体系

一级指标	二级指标	三级指标		
		暴露性	敏感性	适应能力
承灾体脆弱性	食品	谷物产量预期变化值	食物进口依赖程度	农业生产能力
		预计人口变化	农村人口	儿童营养不良
	水	年地下水径流预期变化	淡水提取率	获取安全可靠的饮用水
		地下水年补给量预期变化	水依赖程度	坝容量
	健康状况	媒介疾病传播预期变化	贫民窟人口	医务人员
		气候变化引起的疾病死亡预期变化	卫生医疗对外界资源的依赖程度	改善卫生设施
	生态系统	生物群落分布预期变化	自然资源依赖度	参与国际环境公约
		海洋生物多样性预期变化	生态足迹	受保护的生物群系

续表

一级指标	二级指标	三级指标		
		暴露性	敏感性	适应能力
承灾体脆弱性	居住环境	暖期预期变化	城市集中度	贸易和运输相关的基础设施质量
		洪水灾害预期变化	抚养系数	铺路
	基础设施	水电站发电能力预计变化	进口能源依赖程度	电力接入
		海平面上升影响的预计变化	生活在海拔五米以下的人口	防灾准备
准备能力	经济	经商方面（如许可证、跨境贸易等）		
	治理	政治稳定与非暴力	控制腐败	法律法规	质量监管
	社会	社会不平等	ICT 基础设施	教育	创新

表 7-3　　　　　　　美国国家科学院抗灾能力评价指标框架

一级指标	二级指标	三级指标（措施）	目标
弱势群体	通信/交流	测量社区中以下各类弱势群体的人数： 不会说英语 聋人/听力受损者 视力受损者 文盲 英语水平有限者 无证件者/外来移民游客 大学生	提高通信系统的灵活性，以应对不确定事件；有可替代的通信手段，以便在主系统出现故障时可以提供弱势群体信息；建立一个能够接触到特殊通信需求人的网络；组织培训机构或社会团体来解决特殊的通信需求
	其他指标： 医疗、独立、监督、交通、社会网络、资源		
关键的环境基础设施	水		存量 可获取 质量安全

续表

一级指标	二级指标	三级指标（措施）	目标
关键的环境基础设施	能源		可依赖 可恢复 可获取 减少环境污染
	交通运输		易于到达 便于疏散 安全可靠
	通信设备		大众传播 紧急呼叫 商业活动
	环境		保护社区财产、资源、人类和生态系统健康、生存环境质量
社会因素	领导力		确定谁是社区的领导人/发言人、可信度、领导人与社会网络的联系能力、风险意识能力
	社会凝聚力		企业/组织之间的关系、制度安排、沟通能力及其有效性
	资源利用		描述劳动力构成和分布；确定关键资源：医疗卫生、紧急服务、私营部门、退休、失业等人员的抗灾能力和脆弱性如何；减少流离失所人数
	相互依赖程度		个人/社区/地区的规模；农村或城市、具有节点和连接的社会网络、力量的代表、分析业务中断的可能性
	文化多样性		文化依赖性 收入多样性 负担能力 职业多样性

续表

一级指标	二级指标	三级指标（措施）	目标
社会因素	教育和学校		学校在社区中的作用、长期停留/返回的原因；可以提升生计，发展技能，了解教育和学校的区别
已建基础设施	住房	房屋建筑规范（包括租赁） 符合建筑规范的百分比 总体住房存量 执行建筑法规的能力 有多少住房参与保险	鲁棒性 灵活性 可恢复性 冗余性
	商业建筑	企业风险意识 建筑基线 员工敬业度 本地或跨国企业的数量 企业雇佣的人口百分比 有持续性计划的企业占比	鲁棒性 机智性 可恢复性 冗余性
	社区基建（学校、公共基础设施等）	设施存量 设施的合规性	鲁棒性 机智性 可恢复性 冗余性
	医疗卫生设施	健康沙漠 基础条件	鲁棒性 机智性 可恢复性 冗余性

表 7-4　　中国地震抗灾能力指数评价指标体系备选库

一级指标	二级指标	三级指标		
		暴露性	敏感性	适应能力
承灾体脆弱性	人口脆弱性	人口密度 城市人口占比 农村人口占比	弱势群体占比 文盲率 女性人口占比	14—65 岁人口占比 高中以上学历占比

续表

一级指标	二级指标	三级指标		
承灾体脆弱性	建设工程脆弱性	建（构）筑物	预测建筑物地震损失分布密度（万元/平方千米） 建（构）筑物密度 房屋建筑物面积	平均建筑年限 建筑物结构类型	建（构）筑物抗震能力
		生命线工程	排水管道网密度 天然气管道密度 桥梁数量 人均道路面积 固定资产总量	大型水库数量 工业危险源个数	水、电、气等生命线工程的抗震能力 电视、广播、电话等网络通信工具的覆盖率 应急避难所 建设工程治理能力
	生态环境脆弱性		所在区域地震烈度 是否位于地震带上	中强震灾害发生次数	人均园林绿地面积 建成区绿化覆盖率 森林覆盖率 地震灾害防治投资
准备程度	社会资本		地震应急救援能力； 医疗救助能力（医疗机构数、万人床位数） 就业 教育 社会保障能力 医疗保险覆盖率 社会捐赠 居民抗震救灾意识		
	经济资本		国内生产总值 人均生产总值 人均可支配收入 人均储蓄金额 防灾投入 经济多样性 第二、第三产业构成占比 巨灾保险		

续表

一级指标	二级指标	三级指标
准备程度	物质资本	地震台网建设 地震观测点个数 地震应急物资储备
	人力资本	地震应急救援队伍数量 防震减灾行业科研人员数量 生产建设人力资源 中青年人数占比

二　中国地震抗灾能力指数的评价指标筛选

为提高评价指标量化的便捷性，保证数据的可获取性，降低指标反映信息的重复率，同时为使初步筛选后的指标体系能够在实际中得到应用，本书先将无法获得的数据、不易量化的数据、信度效度较低的指标删除。例如"经济多样性"和"居民抗震救灾意识"这两个指标不易界定，且难以量化，因此建议删除。"巨灾保险"这一指标数据难以获得，为了体现各地区应对地震等自然灾害的准备情况，将"巨灾保险"调整为"地质灾害防治投资"。

1. 指标数据标准化处理

首先，将评价指标进行标准化处理。评价指标应用于纵向时间维度对比和横向地区维度对比，应尽可能选用比率、指数或均值的形式来消除指标量纲对评价结果的影响。例如弱势群体占比、农村人口占比、文盲率、第二、第三产业构成占比、电话、网络等通信工具的覆盖率、应急管理组织能力指数等指标。其次，收集 2014—2018 年这五年内中国地震抗灾能力各指标的时间序列数据，做正负标准化（无量纲化）处理，如式 7-2 和式 7-3 所示。

$$x_{ij} = \frac{v_{ij} - \min(v_{ij})}{\max(v_{ij}) - \min(v_{ij})} \tag{7-2}$$

$$x_{ij} = \frac{\max(v_{ij}) - v_{ij}}{\max(v_{ij}) - \min(v_{ij})} \tag{7-3}$$

正向指标是指该指标与抗灾能力成正比，指标数值越大，地震抗灾能力越强。负向指标是指该指标与抗灾能力成反比，指标数值越大，地震抗灾能力越弱。设 x_{ij} 为数据标准化后的值；v_{ij} 为原始值；m 是指评价主体数。指标标准化公式中的 $\max(v_{ij})$ 和 $\min(v_{ij})$ 分别代表 v_{ij} 至 v_{mj} 之间的最大值和最小值。

2. 指标筛选的相关性分析

（1）相关性分析

相关性分析主要是用于剔除相关性较强的指标。本书借助统计软件 SPSS 19.0 计算任意两个指标之间的相关系数，删除其中系数较大的一个指标。

（2）相关性分析的具体步骤

计算指标间的相关系数（见式 7-4）。设 r_{ij} 为第 i 个指标和第 j 个指标之间的相关系数，z_{ki} 为第 k 个评价主体对应的第 i 个指标的值，$\bar{z}_i$ 为第 i 个指标的平均值。根据相关系数计算公式，则 r_{ij} 为：

$$r_{ij} = \sum_{k=1}^{n} (z_{ki} - \bar{z}_i)(z_{ki} - \bar{z}_j) \Big/ \sqrt{\sum_{k=1}^{n} (z_{ki} - \bar{z}_i)^2 (z_{ki} - \bar{z}_j)^2} \qquad (7-4)$$

设定临界值 $M \in (0, 1)$，如果 $|r_{ij}| > M$，则删除其中的一个指标；如果 $|r_{ij}| < M$，则保留这两个指标。

根据相关性分析结果和指标的含义，本书设置 $M = 0.8$ 作为临界值，对 $r_{ij} > 0.8$ 的两个指标只保留其中一个，另一个予以删除。以"人口脆弱性"指标为例，对备选库中该指标下的三级指标做相关性分析，结果如表 7-5 所示。城市人口占比和农村人口占比的相关系数 $|r_{ij}| = 1$，表明这两个指标可以互相替代，为了防止指标重复，本书删除"城市人口占比"这一指标，保留"农村人口占比"，因为该指标更能凸显地震灾害发生时的人口脆弱性程度。

以此类推，对其他三级指标做相关性分析，删除同一指标层内相关系数大的指标，降低指标间的相关性（见表 7-6）。

3. 指标筛选的主成分分析

（1）主成分分析的基本模型

主成分的实质是观测指标的线性组合，主成分分析的模型为：

表7-5　人口脆弱性指标数据相关性分析

		人口密度（人/平方千米）	城市人口占比（%）	弱势群体占比（%）	农村人口占比（%）	文盲率（%）	14—65岁人口占比（%）	大专以上学历占比（%）	女性人口占比（%）
人口密度（人/平方千米）	Pearson 相关性	1	0.064	-0.157	-0.064	-0.249	0.175	-0.090	-0.351
	显著性（双侧）		0.734	0.400	0.734	0.176	0.346	0.629	0.053
	N	31	31	31	31	31	31	31	31
城市人口占比（%）	Pearson 相关性	0.064	1	-0.595**	-1.000**	-0.624**	0.055	0.784**	-0.256
	显著性（双侧）	0.734		0.000	0.000	0.000	0.768	0.000	0.165
	N	31	31	31	31	31	31	31	31
弱势群体占比（%）	Pearson 相关性	-0.157	-0.595**	1	0.595**	0.254	0.329	-0.619**	0.230
	显著性（双侧）	0.400	0.000		0.000	0.168	0.071	0.000	0.212
	N	31	31	31	31	31	31	31	31
农村人口占比（%）	Pearson 相关性	-0.064	-1.000**	0.595**	1	0.624**	-0.055	-0.784**	0.256
	显著性（双侧）	0.734	0.000	0.000		0.000	0.768	0.000	0.165
	N	31	31	31	31	31	31	31	31

续表

		人口密度（人/平方千米）	城市人口占比（%）	弱势群体占比（%）	农村人口占比（%）	文盲率（%）	14—65岁人口占比（%）	大专以上学历占比（%）	女性人口占比（%）
文盲率（%）	Pearson 相关性	-0.249	-0.624**	0.254	0.624**	1	-0.277	-0.338	0.213
	显著性（双侧）	0.176	0.000	0.168	0.000		0.131	0.063	0.249
	N	31	31	31	31	31	31	31	31
14—65岁人口占比（%）	Pearson 相关性	0.175	0.055	0.329	-0.055	-0.277	1	-0.289	-0.162
	显著性（双侧）	0.346	0.768	0.071	0.768	0.131		0.115	0.383
	N	31	31	31	31	31	31	31	31
大专以上学历占比（%）	Pearson 相关性	-0.090	0.784**	-0.619**	-0.784**	-0.338	-0.289	1	0.052
	显著性（双侧）	0.629	0.000	0.000	0.000	0.063	0.115		0.781
	N	31	31	31	31	31	31	31	31
女性人口占比（%）	Pearson 相关性	-0.351	-0.256	0.230	0.256	0.213	-0.162	0.052	1
	显著性（双侧）	0.053	0.165	0.212	0.165	0.249	0.383	0.781	
	N	31	31	31	31	31	31	31	31

说明：**表示在 0.01 水平上（双侧）显著相关。

表 7-6　　　　　　　　　　　指标相关性筛选结果

指标层		保留的指标	删除的指标	相关系数
承灾体脆弱性	人口脆弱性	农村人口占比	城市人口占比	1.000
	建设工程脆弱性	水、电、气等生命线工程管道密度	桥梁数量	0.815
			天然气管道长度	0.851
			排水管道长度	0.867
准备程度	社会资本	教育	城镇医保人数	0.868
			社会养老保险人数	0.926

$$F_i = a_{i1}X_1 + a_{i2}X_2 + \cdots + a_{im}X_m \qquad (7-5)$$

其中，X_i 表示第 i 个指标，F_j 为第 j 个主成分（i，$j \in$（1，m）），a_{ij} 为对应第 i 个特征值的特征向量的第 j 个分量；k 为主成分的个数；m 为指标个数。

主成分分析的具体步骤：

第一步：求相关系数矩阵 $R_m \times m$。

第二步：求方差贡献率。先求出矩阵特征值 $\lambda_j (j \in (1，m))$，λ_j 表示 F_j 所解释的原始指标数据的总方差，主成分 F_j 对原始指标数据的方差贡献率 w_j 算公式为：

$$w_j = \lambda_j / \sum_{j=1}^{k} \lambda_j \qquad (7-6)$$

第三步：将特征值 λ_j，按从大到小的顺序排列，根据累计方差贡献率大于 80% 的前 m 个主成分，进而求出第 i 个指标在第 j 个主成分上因子负载 a_{ij} 矩阵（见式 7-7）。

$$a_{ij} = b_{ij} / \sqrt{\lambda_j} \qquad (7-7)$$

（2）主成分分析对评价指标的筛选

根据主成分 F_j 上因子负载的绝对值 $|b_{ij}|$ 筛选指标，$|b_{ij}|$ 越大表明指标 i 对评价结果的影响越显著，越应当保留；$|b_{ij}|$ 越小则表明第 i 个指标对评价结果的影响越弱，越应当剔除。

在相关性分析结束后，利用主成分分析选取累积方差贡献率达到 80% 时各主成分中因子负载绝对值较大的指标。本书选取主成分中因子负载绝对值大于 0.7 的指标。通过主成分分析筛选指标，保证了指标筛选的科学化，且对评价结果有显著正向影响。经过对指标备选库中的指标进行初步筛选和定量筛选，剔除相关系数大、因子负载绝对值小且难以量化的指标，最终从指标备选库中筛选出35个符合要求的三级指标作为度量中国地震抗灾能力指数的评价指标（见表7-7）。

表 7-7　　　　　　　中国地震抗灾能力指数体系的评价指标

一级指标	二级指标	三级指标		
		暴露性	敏感性	适应能力
承灾体脆弱性	人口脆弱性	人口密度、农村人口占比	弱势群体占比、文盲率、女性人口占比	14—65 岁人口占比、高中以上学历占比
	建设工程脆弱性　建（构）筑物		不同类型建筑物比例	建（构）筑物抗震能力
	建设工程脆弱性　生命线工程	水电等生命线工程综合管道密度、人均道路面积、基础设施建设	大型水库数量、工业危险源个数	电视、广播、电话等网络通信工具的覆盖率、应急避难所、建设工程治理能力
	生态环境脆弱性		中强震灾害发生次数	人均园林绿地面积、建成区绿化覆盖率、环境保护支出
准备程度	社会资本	地震应急救援能力（救援车辆、救援物资等）、医疗救助能力（医疗机构数、万人床位数）、就业、教育、社会捐赠		
	经济资本	人均生产总值、人均储蓄金额、第二、第三产业构成占比、地质灾害防治投入		
	物质资本	地震台网建设、地震观测点个数、地震应急物资储备		
	人力资本	防震减灾行业人员数量、生产建设人力资源		

鉴于地震抗灾能力指数指标体系比较复杂，指标数量较多，为了更加准确地理解该体系中的各项指标，本书将用表格的形式对各二级指标层中的三级指标进行定义与说明，交代各指标的单位、符号代码、计算公式和数据来源，以及各指标的意义等信息（见表7-8）。

表 7-8　　　　　　　　　　　　地震抗灾能力指标说明

指标层	关键指标（单位）	符号	计算公式	指标意义
人口脆弱性	人口密度（人/平方千米）	PV01	总人口/地域面积×100%	从暴露性的角度讲，人口密度可用来描述区域宏观脆弱性水平，即人口密度越大，暴露于灾害中的受灾体越多，脆弱性也就越大
	农村人口占比（%）	PV02	农村人口/总人口×100%	一方面，农村人口的抗震意识比较薄弱；另一方面农村人口所居住的房屋抗震性能较差，脆弱性程度比较高
	弱势群体占比（%）	PV03	（0—14 岁少年儿童人口数+65 岁及 65 岁以上的老年人口数）/15—64 岁劳动年龄人口	总抚养比也称总负担系数，指人口总体中非劳动年龄人口数与劳动年龄人口数之比；本书用总抚养比来表示某地区弱势群体占比
	文盲率（%）	PV04	15 岁及以上文盲人口数/总人口×100%（数据基于人口抽样调查）	文盲率体现了该地区常住人口的知识水平
	女性人口占比（%）	PV05	女性人口/总人口×100%（人口抽样调查）	女性人口在面临地震灾害时，由于自身素质条件而导致脆弱性程度偏高
	14—65 岁人口占比（%）	PV06	14—65 岁人口/总人口×100%（人口抽样调查）	占比越多，该地区的灾后自救能力和救援力量越充足，适应能力越强
	大专及以上学历人口占比（%）	PV07	6 岁及 6 岁以上大专及以上人口/总人口×100%（人口抽样调查）	说明该地区高知识水平的人口数量
建设工程脆弱性	水、电、气等生命线工程管道密度（千米/平方千米）	CV01	建成区供水管道密度+建成区排水管道密度+供气管道密度+电力系统密度	水电等基础设施供应系统是一个地区正常运转的基础，暴露于地震灾害下的综合管道密度越大，脆弱程度就越高

指标层	关键指标 （单位）	符号	计算公式	指标意义
建设工程脆弱性	人均道路面积 （平方米）	CV02	人均道路面积	道路有效宽度影响着救灾、应急物资筹集、调运等工作的效率；此外，暴露于地震灾害下的道路也会受到地震灾害的影响，暴露面积越大，受损的可能性也越大
	基础设施建设 （万元）	CV03	年度基础设施固定资产投资总额	全国城市市政公用基础设施易于受到地震灾害的负面影响
	大型水库数量 （座）	CV04	大型水库数量	地震容易引发次生灾害，其中水库诱发地震也较为常见，大型水库数量越多，该地区对地震灾害的敏感程度高，抗灾能力越弱
	工业危险源个数 （个）	CV05		工业危险源个数越多，地震灾害带来的潜在危害越大
	不同类型建筑物比例（％）	CV06	住宅区房地产开发投资占比	不同建筑物类型的抗震性能不同，其中民用住宅房屋造成的损失和人员伤亡最为严重
	建构筑物抗震能力（％）	CV07	抗震能力合格建筑物数量/总建筑物数量	建筑物抗震能力对地震抗灾来说至关重要，但鉴于该指标不易量化，因此本书认为房地产开发项目所建造的建构筑物通过验收后均满足抗震要求
	电视、广播、电话等网络通信的覆盖率（％）	CV08	移动电话（包括固定电话）覆盖率+网络覆盖率	通信工具普及程度越高，地震灾害救援效率越高

续表

指标层	关键指标（单位）	符号	计算公式	指标意义
建设工程脆弱性	应急避难所（个）	CV09	该地区所拥有的公园个数	应急避难场所建设水平反映了地震灾害应急阶段灾区人民获得救助的能力。用区域内所拥有的公园个数来反映该地区的地震适应能力较为合理
	建设工程治理能力（个）	CV10	建设工程监理企业单位数	
生态环境脆弱性	中强震灾害发生次数（次）	EV01	中强地震（Ms≥5.0）发生频次	鉴于地震生态系统不易探测与量化，本书用某地区地震发生频次来反映生态环境方面的脆弱性情况
	人均园林绿地面积（平方米/人）	EV02	公园绿地面积/该地区常住人口	人均园林绿地面积反映了震后灾民与救灾物资安置的空间潜力，指标数值越高说明可容纳的区域越多，灾害适应能力越强，脆弱性水平也就越低
	建成区绿化覆盖率（%）	EV03	建成区绿化覆盖率	
	环境保护支出（亿元）	EV04	地方财政环境保护支出	城市环境保护越好，震后二次伤害的可能性越低
社会资本	地震应急救援能力（%）	SP01	消防人员人数/总人数＋（消防车辆＋急救车量）/总人数	应急组织机构人员构成反映了灾区抗灾能力的整体水平，为了便于量化，故使用医疗、消防、卫生人员数量来反映
	医疗救助能力（%）	SP02	医护人员数×50%＋万人床位数×50%（标准化后）	

指标层	关键指标 （单位）	符号	计算公式	指标意义
社会资本	就业（%）	SP03	城镇登记失业率	就业水平则反映了一个城市拥有可参与生产和各类工作人员的数量，也反映了某地区灾后恢复重建的能力
	教育（万元）	SP04	教育经费	教育经费支出主要是反映区域教育水平，与人口素质密切相关。教育水平的提高是社会层面对抗灾能力建设的关键一隅
	社会捐赠（亿元）	SP05	社会捐赠款物金额合计	从社会层面看，影响地震抗灾能力水平的指标还应包括社会保障和社会救济、捐赠等
经济资本	人均生产总值（元）	EP01	国内生产总值/总人口	人均生产总值是一个地方经济水平的体现，经济水平越高，抗灾能力越强
	人均储蓄金额（元）	EP02	年度储蓄金额/总人口	储蓄是城市经济积累水平的体现。灾后恢复阶段不能仅仅依靠政府财政投入，还需要人民自身资金储蓄的水平，面对高密度的财富堆积，灾后恢复能力也会提高
	第二、第三产业构成占比（%）	EP03	第二产业构成占比+第三产业构成占比（%）	面对重大地震灾害后，灵活的经济结构使得城市的恢复过程变得更加高速和成功，且经济多样性可以减少地震对经济发展的影响
	地质灾害防治投资（万元）	EP04		地质灾害防治投资指用于地质灾害防治项目顺利实施的投资金额，用于预防因地质灾害对项目造成的损失

续表

指标层	关键指标 （单位）	符号	计算公式	指标意义
物质资本	地震台网建设 （个）	PP01	地震台总数	地震台是利用各种地震仪器进行地震观测的观测点，是开展地震观测和地震科学研究的基层机构，反映了地震监测情况
	地震观测点 （个）	PP02	强震观测点个数+宏观观测点个数	强震观测点主要是记录强震发生时地面震动情况；地震宏观观测点主要用于监测动物的行为反应及江面变化异常等情况，为地震部门开展地震监测工作提供数据
	地震应急物资储备（万元）	PP03	公共安全预算支出+粮油物资储备支出	地震应急物资储备是应对地震灾害的基础，充足的物资储备可以更好地用于抗灾救灾工作。鉴于单一灾种数据获取困难，故通过公共安全和粮油物资支出侧面反映
人力资本	防震减灾行业人员（人）	HP01	科学研究、技术服务和地质勘查业从业人员数量	防震减灾行业人员对地震灾害监测、地震危险源辨识、灾情上报、灾害应对等工作至关重要，但是由于此类指标并不利于进行量化考核，故而通过科学研究、技术服务和地质勘查业人员的数量指标从侧面进行反映
	生产建设人力资源（%）	HP02	中、青年人数占比	抗灾能力受到某地区生产建设人力资源的影响，拥有足够的中、青年人力资源以及可动员的生产力量的地区具备更好地抗灾能力和灾后恢复能力

三　中国地震抗灾能力指数的方法选择

（一）评价指标权重的确定

在整个评价指标体系中，单个指标的重要性程度是通过权重来衡量，是进行综合评价的前提。本书选择熵值法来计算各级指标的权重，从而避免了主观赋权法带来的结果偏差。熵是对信息不确定性的一种度量，利用信息熵作为计算不同指标所占权重值的工具，可根据其特性判断指标的离散程度。熵值法作为一种相对客观的赋权法，可以保证计算结果的可靠性和科学性。

利用熵值法计算指标权重的步骤如下。

（1）原始数据的收集与处理

其中，X_i 表示第 i 个指标，F_j 为第 j 个主成分 i，$j \in （1，m）$。a_{ij} 为对应第 i 个特征值的特征向量的第 j 个分量；k 为主成分的个数；m 为指标个数。

设有 m 个样本，n 个评价指标，组成数据矩阵 $R = X_{ijm \times n}$，由于指标计量单位不一，需对原始数据矩阵进行标准化，标准化方法为极值标准化法。如式 7-8 所示，标准化处理后得到新的数据矩阵 $R' = x_{ijm \times n}$。

$$R' = \begin{cases} x_{11} & x_{11} & \cdots & x_{1n} \\ x_{21} & x_{22} & \cdots & x_{2n} \\ \vdots & \vdots & & \vdots \\ x_{m1} & x_{m2} & \cdots & x_{mn} \end{cases} \qquad (7-8)$$

（2）数据平移

标准化处理后可能会出现数值较小或负值的情况，为消除负值，对标准化后的数据进行平移处理：

$$x_{ij}' = H + x_{ij} \qquad (7-9)$$

其中，H 为指标平移的幅度，一般取 1。

（3）计算第 j 项指标下第 i 个样本占该指标的比重 P_{ij}，$i \in （1，m）$，$j \in （1，n）$：

$$P_{ij} = x_{ij}' / \sum_{i=1}^{m} x_{ij}' \qquad (7-10)$$

（4）计算第 j 项指标的熵值 e_j：

$$e_j = -k \sum_{i=1}^{m} \left(P_{ij} \ln P_{ij} \right) \tag{7-11}$$

其中，$k = \dfrac{1}{\ln(m)}$，且 $k \geqslant 0$，$e_j \geqslant 0$。

（5）计算第 j 项指标的信息熵冗余度（变异系数）d_j：

$$d_j = 1 - e_j \tag{7-12}$$

（6）计算各项指标的权重值 w_j：

$$w_j = d_j \Big/ \sum_{j=1}^{m} d_j \tag{7-13}$$

本章以 2018 年数据为例，运用熵值法计算各三级指标的权重结果如表 7-9 所示：

表 7-9　　　　　　　　　　地震抗灾能力指标权重值

一级指标	二级指标	三级指标	熵值 e_j	变异系数 d_j	权重 w_j
承灾体脆弱性	人口脆弱性	PV01	0.995279	0.004721	0.033786
		PV02	0.997203	0.002797	0.020019
		PV03	0.995147	0.004853	0.034729
		PV04	0.997027	0.002973	0.021277
		PV05	0.996719	0.003281	0.023483
		PV06	0.995328	0.004672	0.033436
		PV07	0.998199	0.001801	0.012893
	建设工程脆弱性	CV01	0.995325	0.004675	0.033455
		CV02	0.99708	0.00292	0.020899
		CV03	0.994477	0.005523	0.039528
		CV04	0.994253	0.005747	0.041131
		CV05	0.996036	0.003964	0.028369
		CV06	0.996376	0.003624	0.025938
		CV07	0.994817	0.005183	0.037092
		CV08	0.997524	0.002476	0.017718
		CV09	0.998387	0.001613	0.011544
		CV10	0.99714	0.00286	0.020467

一级指标	二级指标	三级指标	熵值e_j	变异系数d_j	权重w_j
准备程度	生态环境脆弱性	EV01	0.992403	0.007597	0.05437
		EV02	0.996574	0.003426	0.024517
		EV03	0.997315	0.002685	0.019219
		EV04	0.997266	0.002734	0.019565
	社会资本	SP01	0.996299	0.003701	0.026488
		SP02	0.995223	0.004777	0.034188
		SP03	0.996299	0.003701	0.02649
		SP04	0.996234	0.003766	0.026949
		SP05	0.99544	0.00456	0.032638
	经济资本	EP01	0.994964	0.005036	0.036041
		EP02	0.994999	0.005001	0.035787
		EP03	0.99733	0.00267	0.019108
		EP04	0.995245	0.004755	0.034032
	物质资本	PP01	0.995807	0.004193	0.030007
		PP02	0.995886	0.004114	0.029445
		PP03	0.99521	0.00479	0.034281
	人力资本	HP01	0.996376	0.003624	0.025938
		HP02	0.995085	0.004915	0.035172

（二）中国地震抗灾能力指数的确定

由中国地震抗灾能力指数评价体系可知，中国地震抗灾能力指数由地震脆弱性指数和地震准备程度指数两部分构成，即中国地震抗灾能力指数是承灾体脆弱性指数与准备程度指数二者共同决定的线性函数：

$$CERI = F(EVI, EPI) \tag{7-14}$$

又因地震抗灾能力指数与脆弱性指数成反比，与准备程度指数成正比，即可等同于地震抗灾能力指数与"非脆弱性指数"（即：1—脆弱性指数）成正比，因此中国地震抗灾能力指数可以由"非脆弱性指数"与准备程度指数共同刻画。为方便计算，本书参照美国圣母大学全球适应性指数模型来构建中国地震抗灾能力指数，中国地震抗灾能力指数=准备程度指数+非脆弱性指数，表示如下：

$$CERI = EPI + (1 - EVI) \qquad (7-15)$$

其中，EPI 为准备程度指数，EVI 为承灾体脆弱性指数，且 $EVI \in [0, 1]$，$EPI \in [0, 1]$。即当 $EVI = 0$，$EPI = 1$ 时，$CERI = 2$，此时承灾体脆弱性程度最低，准备程度最高，抗灾能力指数达到最大值；当 $EVI = 1$，$EPI = 0$ 时，$CERI = 0$，此时承灾体脆弱性程度最高，准备程度最低，抗灾能力指数达到最小值。

已知脆弱性指数（EVI）由人口脆弱性（PV）、建设工程脆弱性（CV）和生态环境脆弱性（EV）三者共同决定，即：

$$EVI = F(PV, CV. EV) \qquad (7-16)$$

同理可得，准备程度指数（EPI）是由社会资本（SP）、经济资本（EP）、物质资本（PP）和人力资本（HP）共同决定，即：

$$EPI = F(SP, EP, PP, HP) \qquad (7-17)$$

故脆弱性指数和准备程度指数的计算公式如下：

$$EVI = PV + CV + EV \qquad (7-18)$$

$$EPI = SP + EP + PP + HP \qquad (7-19)$$

其中，二级指标 PV、CV、SP 等指数值则由各自对应的三级指标加权求和得出，即：

$$PV = \sum_{j=1}^{n} (x_{ij} w_j) \qquad (7-20)$$

其中 $j \in (1, n)$，考虑到按上述过程编制的地震抗灾能力指数结果在 0—2，不符合日常习惯，为了便于对比分析，本书将上述结果进行百分制转化，将地震抗灾能力指数乘以 50，使指数计算结果为 0—100，即抗灾能力指数最高值为 100，最低为 0。故最终中国地震抗灾能力指数模型为：

$$CERI = [EPI + (1 - EVI)] \times 50 \qquad (7-21)$$

第八章 中国地震抗灾能力指数评价与分析

本章分别从国家、区域和省份三个层面对中国地震抗灾能力指数进行评价与分析，探讨中国地震抗灾能力时空变化趋势，准确评价中国地震抗灾能力水平。

第一节 研究区域概述及数据来源

一 研究区域概述

中国处于环太平洋地震带与环球自然灾害带的交界地区，拥有极其复杂的地形，而且地势落差大，是世界上最严重的地质灾害区。加之中国地理位置特殊、多山的地貌以及强烈的地壳运动，使地震灾害频发。据瑞士再保险公司记录，1970—2019 年中国遇难人数最多的 50 余起重大灾害中，因地震导致的灾害约占 60%，地震活动带来的损失不容忽视。

本研究以我国及我国内陆 31 个省份（直辖市、自治区）为研究区域，对我国地震抗灾能力指数进行评价与分析。分别从国家、区域和省份三个层面对我国地震抗灾能力指数进行评价，探讨我国地震抗灾能力时空变化趋势；并借助地震抗灾能力矩阵和地理信息系统技术等工具对我国地震抗灾能力、脆弱性和准备程度进行分析，精确刻画我国地震抗灾能力水平和存在的问题，为下文我国地震抗灾能力建设策略提供依据。

二 数据来源及处理

本书所涉及的社会经济人口、灾害损失等方面的数据主要来自国家统计局年度数据和地区数据、2010—2019 年《中国统计年鉴》、地区统计年鉴、自然灾害数据库等。地震灾情数据来自中国地震台网中心国家地震科学数据中心。建设工程数据来自中华人民共和国住房和城乡建设部 2009—2018 年《城乡统计年鉴》。其中人均国内生产总值和直接经济损失等数据以 2009 年各省份的居民消费价格指数为基准进行调整，对于缺失数据通过取平均值给予填补。需要说明的是，由于数据采集单位和统计单位的不同，数据存在一些微弱差异，故统计数据不能精确反映问题，因此本书所得出的中国各地区抗灾能力指数只有数值比较和指标衡量的作用，没有明确的实际意义，目的是便于在全国范围内进行抗灾能力大小的比较，了解各地区地震抗灾能力水平，以便寻找问题，精准施策，为各地区抗灾能力建设和防震减灾提供参考。

对于不同单位、不同指标原始数据的处理，本章参照第七章指标体系构建中数据处理方法，即采用极值标准化法对数据加以处理，使处理后的数据均介于 0—1 之间。

第二节　中国地震抗灾能力指数评价

中国地震抗灾能力指数评价主要从三个层面进行分析：国家层面、区域层面、省份层面（见图 8-1）。国家层面主要是对中国 2009—2018 年地震抗灾能力水平发展情况进行讨论，侧重于时间维度分析；区域层面是通过对中国"六大地理分区"的区域性地震抗灾能力进行分析，同时涵盖时间和空间两个维度；省份层面是对中国 31 个省份的地震抗灾能力水平进行探讨，更加侧重于空间纬度。通过对比分析不同层面上中国地震抗灾能力水平及其变化趋势，总结出各地区地震抗灾能力方面的优缺点，精准发现问题，为有针对性地提出中国地震抗灾能力提升策略提供参考。

一　国家层面地震抗灾能力指数评价
2009—2018 年中国整体地震抗灾能力指数首先由熵值法计算三级

指标权重，式 7-14 编制而得（见附表 2-1）。中国地震抗灾能力呈现以下特点。

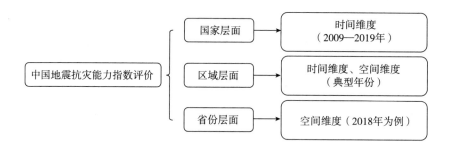

图 8-1　中国地震抗灾能力指数评价思路

（一）整体上中国地震抗灾能力处于中等偏低水平

总体来看，中国地震抗灾能力指数在 40—60 分，地震抗灾能力水平处于中等偏下；时间上来看，中国地震抗灾能力经历了稳步增长——上下波动——快速提升三个阶段。2009—2013 年处于稳步增长阶段，汶川地震之后地震防御开始受到关注，地震抗灾能力也在逐年增强；2014—2016 年处于上下波动阶段，该阶段中国地震频频发，且中强度地震较多，地震抗灾能力因此受到影响，波动较大；2017 年之后，防灾减灾救灾思想开始成为应急防御的主要议题，地震抗灾能力进入快速提升阶段（见图 8-2）。

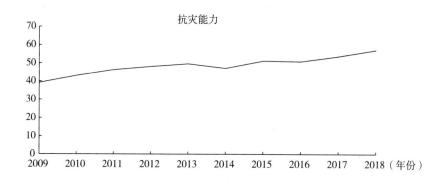

图 8-2　中国地震抗灾能力指数曲线

（二）承灾体脆弱性变化幅度较小，准备程度则不断提升

承灾体脆弱性指数与准备程度指数随时间变化趋势如图8-3所示，2015年之前地震脆弱性水平高于准备程度，2015年之后准备程度高于脆弱性水平，说明中国应对地震灾害所做的准备工作正在逐步完善。从脆弱性指数和准备程度指数曲线走势来看，脆弱性指数变化较为缓慢，准备程度指数则不断上升，二者的整体走势与抗灾能力指数曲线较为一致，进一步说明中国地震承灾体脆弱性水平变化不大，在地震灾害应对准备方面的工作正在不断完善。

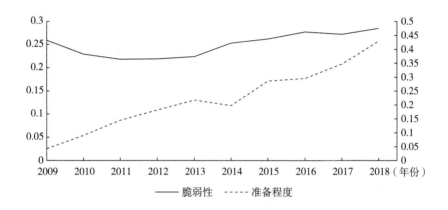

图8-3 中国地震脆弱性指数与准备程度指数曲线

（三）分项指标变化各异

承灾体脆弱性方面：建设工程脆弱性程度最高，且脆弱性程度呈现逐渐上升的趋势；生态环境脆弱性程度逐年下降；人口脆弱性程度则表现出先下降后上升的趋势（见图8-4）。在面对地震灾害时，相比于人口和生态环境，建（构）筑物、生命线系统和基础设施等建设工程的脆弱性表现较为明显，应该重点关注建设工程方面的抗灾能力建设。

准备程度方面：社会资本的准备程度指数最高，其次是经济资本，最后是人力资本，且均呈现逐年上升的趋势（见图8-5）。说明我国在应对地震灾害方面所做的准备工作正不断完善，但人力方面仍

需要加强。

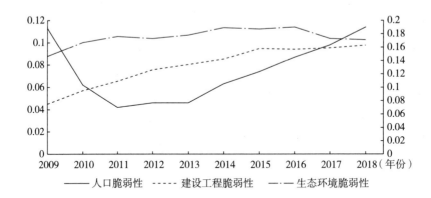

图 8-4　中国地震人口—建设工程—生态环境脆弱性曲线

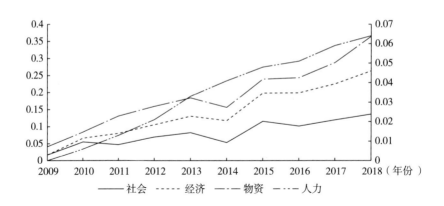

图 8-5　中国地震社会—经济—物质—人力准备程度曲线

二　区域层面地震抗灾能力指数评价

中国地域辽阔，区域特征差异明显，各区域遭受地震灾害风险的概率也各不相同，因此进行区域地震抗灾能力指数评价很有必要。本书按照中国 31 个省份的地理位置分为华北地区、华东地区、中南地区、西南地区、西北地区和东北地区六个区域，分别对各区域进行地震抗灾能力指数评价分析。

为降低数据可视化分析的复杂性，本书选取三个具有代表性的年份进行分析。受汶川地震的影响，2009 年之后防震减灾救灾工作逐渐受到重视。2013 年作为"十二五"时期的一个时间节点，地震抗灾能力指数可以作为防震减灾救灾工作阶段性的补充说明。2016 年习近平总书记在河北唐山考察时全面阐述了新时期防灾减灾救灾的指导思想，提出了"两个坚持，三个转变"的工作方针。[①] 同年 12 月中共中央、国务院印发《关于推进防灾减灾救灾体制机制改革的意见》，提出"四个更加注重"，进一步强调了防灾减灾救灾工作的重要性。2017 年作为贯彻新时期防灾减灾救灾思想的开局之年，对抗灾能力指数进行评价分析也比较具有代表性。因此本书选取 2009 年、2013 年和 2017 年 3 个时间节点对中国六大区域地震抗灾能力指数进行评价分析。

（一）区域地震抗灾能力指数分析

2009 年、2013 年和 2017 年中国各区域地震抗灾能力指数如图 8-6 所示。总体来看，中国各区域地震抗灾能力水平依次为：华东地区>华北地区>中南地区>西南地区>西北地区>东北地区。具体来看，华东地区地震抗灾能力随着时间变化在不断提升，而东北地区地震抗灾能力则在不断下降；华北地区和西南地区地震抗灾能力变化趋势较小，基本保持稳定；中南地区抗灾能力则呈现波动状态。

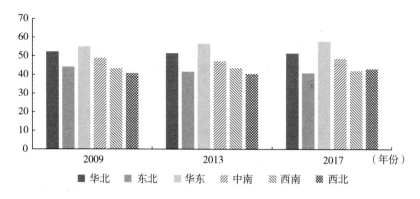

图 8-6　中国区域地震抗灾能力指数

① 《习近平在河北唐山市考察时强调落实责任完善体系整合资源统筹力量全面提高国家综合防灾减灾救灾能力》，中国共产党新闻网，http://cpc. people. com. cn/shipin/n1/2016/0729/c243247-28596529. html。

（二）区域承灾体脆弱性指数与准备程度指数分析

2009 年、2013 年、2017 年中国各区域地震脆弱性指数及准备程度指数如图 8-7 和图 8-8 所示。地震脆弱性指数最高的是西南地区，最低的是华北地区，总体上各地区地震脆弱性指数差异较小；准备程度指数最高的是华东地区，最低的是东北地区，准备程度指数地区差异较明显。

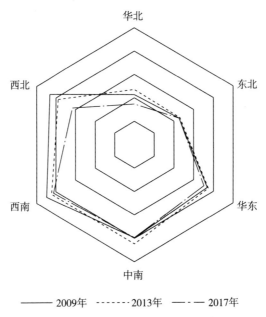

图 8-7　中国区域地震承灾体脆弱性指数

相比于 2009 年，西南地区、西北地区 2013 年和 2017 年在应对地震灾害的准备程度指数有所提升，东北地区的地震脆弱性指数有所下降。通过准备程度指数和脆弱性指数的变化趋势可以看出，随着时间的推进，各地区的地震抗灾能力均不断提高，但东北地区和西北地区应该在地震准备程度方面加强建设（见图 8-8）。

（三）各区域地震抗灾能力指数及其构成要素分析

各区域地震抗灾能力指数及各分项指标指数计算结果如图 8-9 所示：

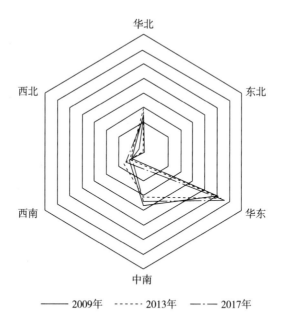

图8-8 中国区域地震准备程度指数

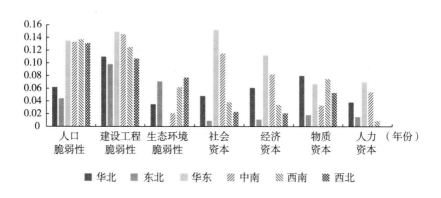

图8-9 中国区域地震抗灾能力影响因素分析

　　地震抗灾能力指数最高的是华东地区，该地区承灾体脆弱性指数处于中等水平，准备程度指数最高。华东地区的准备程度相比其他区域更加完善，尤其在社会资本、经济资本方面表现得较为突出。承灾体脆弱性主要在人口脆弱性和建设工程脆弱性方面表现较为突出。

　　华北地区的地震抗灾能力属于中等偏上水平，脆弱性指数得分最低，准备程度处于中等水平，得分低于华东地区和中南地区。具体来看，华北地区在物质资本准备方面得分最高，人口和建设工程方面的脆弱性较低，人口脆弱性得分均值仅为 0.064，建设工程脆弱性得分均值为 0.106，说明华北地区暴露于地震灾害下的人口密度和建设工程相对较少，且建设工程达到设防标准占比较大。但华北地区在社会资本和经济资本方面较华东地区还存在一定的差距。

中南地区的地震抗灾能力水平一般，地震脆弱性指数较高，准备程度处于中等水平。在承灾体脆弱性方面，中南地区的人口和建设工程脆弱性程度较高。在准备程度方面，经济资本和物质资本准备程度较低，有待进一步提升。

西南地区是中国范围内最容易遭受地震灾害的地区，地震抗灾能力处于中等偏低水平。其中，脆弱性程度最高，承灾体脆弱性指数为 0.314。具体来看，西南地区地震脆弱性主要体现在人口、建设工程、生态环境三个方面，其中相对于中国其他地区，西南地区生态环境脆弱性指数最高。

西北地区的地震抗灾能力水平总体比较弱。承灾体脆弱性偏高，脆弱性指数为 0.289，仅次于西南地区。准备程度指数为 0.105，准备程度偏低。西北地区在人口和建设工程两方面的脆弱性表现较为明显。

东北地区的地震抗灾能力最为薄弱，地震脆弱性水平较低，其准备程度处于全国最低水平，尤其是社会资本和经济资本十分匮乏。因此，提升东北地区地震抗灾能力的主要任务是提高其准备程度，做好地震灾害应对准备工作。

三　省份层面地震抗灾能力指数评价

2009—2018 年中国各省份地震抗灾能力指数首先由熵值法计算三级指标权重，通过式 7-14 编制而得（见附表 1-1 至附表 1-10）。各省地震抗灾能力评价研究主要侧重于空间变化分析，本书以 2018 年地震抗灾能力指数为例，借助地震抗灾能力矩阵和地理信息系统空间区划等方法对 31 个省份地震抗灾能力指数进行横向对比，探讨中国各省份地震抗灾能力水平。

（一）各省份地震抗灾能力指数分析

本书通过对中国各省份历年地震抗灾能力指数排名来反映各省份地震抗灾能力水平（见附表3-1）。对中国各省份地震抗灾能力指数进行排序，发现抗灾能力最好的地区是北京，其次是广东、江苏、浙江和上海等；地震抗灾能力最弱的地区是西藏、贵州、青海及江西；地震抗灾能力指数波动最大的是四川和云南。

（二）各省份地震承灾体脆弱性与准备程度分析

比较各省份承灾体脆弱性和准备程度的一个直观分析工具就是抗灾能力矩阵。中国地震抗灾能力矩阵是以地震脆弱性和准备程度两大指数为坐标轴构建的一种散点分布图，以承灾体脆弱性和准备程度两大指数的中位数作为划分依据将图形划分为四个象限。其中，Y轴表征面临地震灾害时各地区的脆弱性水平，X轴表征各地区应对地震灾害所做的准备程度。现以2018年中国地震抗灾能力指数为例，构建中国地震抗灾能力矩阵（如图8-10所示）。

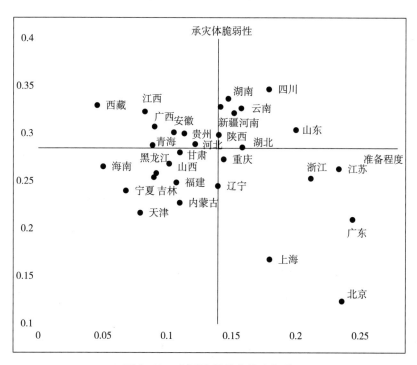

图8-10　中国地震抗灾能力矩阵

左上象限：该象限区域的省份地震抗灾能力水平最弱，承灾体脆弱性指数偏高，准备程度指数偏低，说明这些地区比较容易发生地震灾害，且应对地震灾害所做的准备十分欠缺，当地震灾害发生时，遭受损失的程度也比较大，如西藏、贵州、青海和广西等。这些地区当发生地震灾害时应该重点关注，积极给予应急救援和物资帮助，当然该地区也应该采取相应措施预防地震灾害，提高地震抗灾能力。

左下象限：该象限区域的省份地震抗灾能力水平处于中等水平，承灾体脆弱性指数偏低，地震灾害风险小。准备程度指数偏低，准备工作存在不足。脆弱性指数偏低，说明处于该象限的这些地区不易受到地震灾害的影响，虽然该地区的承灾体脆弱性水平较低，但其准备程度也很低，灾前预防和准备工作较为欠缺，当发生突发性地震灾害时，容易遭到巨大损失，如天津、海南、黑龙江、吉林等地区。

右上象限：处于该象限区域的省份地震抗灾能力水平较高，其承灾体脆弱性指数偏高，但准备程度指数也比较高，考虑到这些地区的脆弱性指数总体高于准备程度指数，地震抗灾能力水平还有待加强。这些地区容易遭受地震灾害，脆弱性指数偏高说明暴露于地震灾害下的承灾体和社会系统比较广，且对地震灾害比较敏感，地质灾害频发。这些地区的准备程度指数高说明这些地区对地震灾害的防御和应急准备有一定的经验，能够在灾害来临前做好相应地准备，可减少地震灾害造成的巨大损失，比如四川、新疆和云南等。

右下象限：该象限区域的省份地震抗灾能力相对最强，是比较理想的一种状态。这些地区的承灾体脆弱性指数偏低，地震灾害风险小，准备程度指数高。这些地区遭受地震灾害的可能性相对较小，且有较为完备的地震预防和应急措施，面临地震巨灾风险时具备比较强的抗灾能力，比如北京、上海和广东等。

（三）各省份抗灾能力构成要素分析

为加强中国地震抗灾能力建设，寻找中国各省地震抗灾能力建设的薄弱环节，本书运用地理信息系统对构成中国地震抗灾能力指数的7个要素进行空间区划，从人口、建设工程、生态环境、社会资本、经济资本、物质资本、人力资本这七个要素分析中国31个省份的地震抗灾能力情况。

为避免主观因素对区划结果的影响，本书运用 ArcMap10.0 软件采用自然断点分类法对各要素进行空间区划。自然断点分类法（Natural Breaks）是地理信息系统技术中一种科学的等级划分方法，可以很好地"物以类聚"，将性质、得分相近的区域划分为同一级别，避免人为主观因素，具有客观性强等优点。

中国地震人口—建筑工程—生态环境脆弱性等要素的空间分布。结果显示：中国各省（市、区）地震抗灾能力构成要素表现各不相同。人口方面，北京市和天津市在人口脆弱性方面的表现最弱，也就意味着人口脆弱性水平最低；而西藏、四川、河南、山东等地区的人口脆弱性最为严重，究其原因，河南、山东、四川、湖南等地区均属于人口大省，人口密度多，受地震灾害影响的人数也比较多，而西藏、贵州等西部及偏远地区的人口在学历、个人能力素养等方面较为欠缺，导致脆弱性水平较高。

建设工程方面，北京、上海、西藏、甘肃、天津等地区的建设工程脆弱性较低，而四川、广西、湖南、安徽等地的建设工程脆弱性较高。一方面北京、上海等地区的建设工程虽然项目多，但监管力度较强，达到抗震规范标准的建筑物和基础设施数量占比比较大，道路桥梁等基础设施比较完善，其他地区则相对存在不足；另一方面，如西藏、甘肃、青海等地区由于经济发展较为落后，建设工程项目则相对较少，且地域面积广阔，受地震灾害影响后的损失也较低，因此脆弱性水平也比较低。

生态环境方面，中国东部地区相比西部地区的脆弱性水平普遍较低，这与西部地区地震频发和地质构造特殊有关。生态环境脆弱性程度最高的是云南和新疆、西藏、四川等地区，也是地震灾害频发地区。生态环境较好的地区有北京、广东、上海等地。

准备程度的空间分析显示，准备程度指数越高，说明该地区对地震灾害的准备工作就越完善，因此其地震抗灾能力水平就越高。社会资本方面，江苏和广东的表现能力最为突出，而西藏、福建等地区的社会资本则较为欠缺。其次是经济资本，经济往往决定一个地区的综合实力，经济实力较强的地区灾害发生后恢复能力比较强，且恢复时间短。其中，经济资本较强的地区有北上广、江浙等沿海地区，而经济资本较弱的地区则大多分布于西部地区及部分中部地区，如新疆、西藏、青海、甘肃、河南、河北等。物质资本在本研究中只要是指地震观测站点数量及物资储备等方面，显而易见，地震频发地区在该方面所做的准备更为完善，如四川、云南、新疆、甘肃等，而地震灾害发生较少的地区在地震预警及物资储备等方面则显得较为薄弱，如海南、浙江等。值得关注的是，西藏是地震频发地区，而地震观测点和物资储备情况却不容乐观，应该给予关注。最后，人力资本是用于反映某地区从事地震灾害研究的科研人员及地震救灾应急人员数量情况，人力资本较为充足的地区有北京、山东、江苏、广东等，而人力较为匮乏的地区是西藏、青海、宁夏、海南等地区。

第九章　中国地震抗灾能力提升策略

根据中国地震抗灾能力指数评价结果，中国地震抗灾能力处于中等偏下水平，承灾体脆弱性程度较高，地震准备程度不足。因此，加快地震抗灾能力建设应当受到重视。本书以中国地震抗灾能力指数评价结果为参考依据，从国家、区域和省份三个层面出发，提出提升中国地震抗灾能力的策略。

第一节　国家层面

一　降低地震灾害承灾体脆弱性

中国共产党治国理政的一项重要任务就是保证人民群众的生命安全和身体健康。中国幅员辽阔，人口分布不均，地震灾害频发且地震抗灾能力水平偏低，承灾体脆弱性凸显，准备程度不足，因此有效提升地震抗灾能力至关重要。就国家层面而言，提升中国地震抗灾能力既要立足当前，以降低承灾体脆弱性和增强准备程度为主导，又要放眼长远，总结经验教训，解决地震抗灾能力指数评价中发现的短板和不足，查漏补缺、强化弱项，让防震减灾策略更加完善，国家应急管理体系更加健全。

地震灾害对人类社会最直接、最直观的影响体现在对有形物质财富的破坏上。降低承灾体脆弱性是降低地震伤亡和经济损失的主要途径之一。就本书而言，降低承灾体脆弱性可从降低人口脆弱性、降低建设工程脆弱性和降低生态环境脆弱性三个方面进行。

（一）降低人口脆弱性

中国人口脆弱性指数随时间变化呈现先减小后增大的发展趋势。其中影响人口脆弱性指数的三个要素：人口暴露性、敏感性及适应能力的变化情况也各不相同。中国人口暴露性正在逐年增加，敏感性和适应能力则表现为先下降再上升的趋势，其中人口暴露性最为明显。因此，降低地震灾害环境下的人口暴露程度对降低人口脆弱性意义重大。

1. 减少地震频发地区人口密度，降低人口暴露程度

研究表明，人口密度越大的地区，人口脆弱性越严重，这也说明越多的人口暴露在灾害风险下，就会有越高的灾害风险。因此减少地震频发地区人口密度是降低人口暴露性的有效途径。根据地震区划图和地震带分布密度，对地震灾害频发地区的居民采取异地搬迁策略，鼓励当地居民搬离地震危险地带，从而降低地震灾害对人员的伤亡程度。

2. 增强居民抗震意识，提升其地震灾害适应能力

现实生活中，由于中国人口密度大且人们重视"宅基地""家族文化"等传统，异地搬迁和分散居住措施的可行性不高，因此对大部分地区来说，增强居民抗震意识，提升灾害适应能力也是降低人口脆弱性的有效途径之一。首先，培养民众的抗震防灾意识。国家可以在"5·12"全国防灾减灾日通过新闻传播、宣讲活动、科学教育等方式对防震减灾知识加以宣传，引起人们的重视，提高民众的抗震防灾意识。其次，定期开展抗震防灾演练和培训。实践出真知，只有亲身体验才能在灾害来临时有序应对。模拟地震场景，增加人们对地震灾害的了解，把握地震灾害的特点，以便在地震灾害发生时做出科学正确的决策。定期开展地震逃生和灾害应急措施演练，一方面可以提高人们的灾害应对能力和自救能力；另一方面还可以为抗灾能力建设打下坚实的基础。

（二）提高建设工程抗震性能

中国地震抗灾能力指数显示，建设工程脆弱性是承灾体脆弱性指数的主要影响因素，因此提高建设工程的抗震性能对提升地震抗灾能

力至关重要。

1. 在抗震设防上对建筑工程制定严格的验收标准

无规矩不成方圆，对地震灾害而言，建筑物倒塌造成的伤亡和损失远大于地震灾害本身带来的伤害，如发生同等级别地震的智利和中国河北唐山的人口伤亡情况大不相同。智利受灾地区有 100 万人口，但在此次地震中遇难人数只有 150 人，而河北唐山拥有同样人口数量，但遇难人数多达 24 万人，造成这种差距的主要原因是智利的建筑已采取了有效的抗震措施，但唐山的住房建筑并没有抗震功能。由此可见，对建筑物进行抗震设防能有效避免大量的人员伤亡和经济损失。政府层面要制定严格的抗震设防标准，出台相应政策，约束施工单位按要求进行建造，并组织验收将相应措施落到实处。

2. 对老旧建筑等危房进行改造或加固

对一些不能拆除的老式建筑和旧建筑，例如名胜古迹、古城遗址等，应该定期检查其抗震性能，对不符合要求的老旧建筑进行危房改造或者加固，甚至重建，以增强其抗震能力。

3. 建设地下综合管廊，提升生命线工程抗震能力

生命线系统在地震发生后具有十分重要的作用，如照明、供电、供水、保障人民生活正常运转、传递灾情和应急救援等。提升生命线工程的抗震能力，降低其暴露程度和敏感性是主要方面。因此，中国可以借鉴国外基础设施，建设城市地下综合管廊。地下综合管廊即在城市地下建造一个隧道空间，该隧道空间整合了各种工程管道，例如电力、通信、燃气、供热和供排水等，并设有专门的检查口、吊装口和监控系统，实行统一规划、设计、施工和管理。建设综合管廊一方面可以减少生命线系统的暴露程度，减少灾害风险；另一方面，综合管廊具有统一规划、设计和管理等的优点，方便定期检修和后期维护工作的开展。

（三）加强生态环境保护，提升生态环境适应能力

地震灾害多由地壳运动产生，人为因素不易改变地质构造，但是生态系统却受人为因素的影响。中国生态环境适应能力正在逐年下降，敏感性波动较大，因此全国范围内应该致力于加强保护生态环

境，提升承灾体的生态适应能力。

1. 推动绿色发展，保护生态环境，促进人与自然和谐共生

人与自然和谐共生是中国构建人类命运共同体提出的生态目标，爱护生态环境是每个公民的义务。对于地震灾害而言，保护环境，植树造林，增加植被覆盖率可以减少甚至是避免地震发生后带来的次生地质灾害，如滑坡、泥石流等。增加绿化面积和公园建设，这些可以作为震后的应急避难所，为灾后安置居民和维护社会秩序提供便利。

2. 减少不合理的地质开采活动，降低人为灾害

不合理的人类活动可能会诱导产生不良的后果，例如天气异常变化、物质循环受阻、地质构造不稳定等，给自然灾害的发生埋下隐患。所以，适当减少开采活动，降低人为地震灾害可以有效降低生态环境的脆弱性和敏感性。

二 完善地震灾害准备工作

地震灾害准备工作包括为应对地震灾害所做的防御工作和自身具备的灾害应对能力，主要包括社会、经济、物质、人力等多个方面。另外从国家层面来说，完善地震灾害准备工作还应该包括一些宏观性政策，如制定防震减灾法律法规、提升地震预警能力等。故本节将从完善法律法规、提高地震预警能力、提高社会、经济、物质、人力资本积累这六个方面提出抗灾能力建设的对策与建议。

（一）完善防震减灾相关法律法规及政策

中国防震减灾相关法律法规还存在一些不够完善的地方。比如缺少对建（构）筑物设防制定详细要求和出台相关法律的约束等。基于以上不足，提出以下几点补充性建议。

1. 制定详细的建筑工程抗震设防标准

按照地震动参数区划和地理特征，基于安全性设防要求建立健全建（构）筑物抗震设防、震后重建的标准体系，对建筑物抗震设防进行监督和要求。对新建工程设置底线，要求各施工单位和企业按抗震设防要求和《建筑物抗震设防规范》及其他特殊行业建筑物规范进行施工，并严格落实验收工作，保证已建工程符合抗震标准；对已建未进行抗震设防的建筑物进行评估，对不符合要求的建设工程进行抗震

加固，使其符合抗震设防要求。

2. 督促地方政府制定和完善抗震救灾条例和预案工作

中国地域广阔，地理特征和人文特色均呈现出鲜明的地域差异，国家层面的政策往往战略性强，战术性较弱，因此各级地方政府应该在制定抗震救灾地方性条例和预案时，尽可能地因地制宜，切合当地实际情况，尤其是地震频发地区，更应该落实地方性抗震减灾条例，做好地震灾害防御准备。此外，制定完整、全面的地震应急预案为地震应急救援和灾后恢复做好准备。

（二）提升地震预警的及时性、准确性

地震监测与预报能力一直是衡量城市地震应急管理能力的重要指标之一，但地震预报是一个全球尚未攻克的难题，故相对于地震预报，提高地震预警能力才是当前应该重点关注的地方。利用地震横波和纵波传播速度时间差的地震预警，可以把地震信息通过各种各样的渠道在地震到来前的几秒或十几秒内迅速通知给公众，并发出预警。做好地震预警对于降低地震风险意义重大，地震相关部门机构应该做好地震监测预警系统，在全国范围内设置地震预警仪器，必要时应该与企业或者高校合作，加快研究步伐，尽可能及时准确地向将受地震影响的居民发布预警信息，提醒民众进行撤离，为民众争取应急避险时间，减少地震人员伤亡。

（三）促进经济健康发展，优化经济产业结构

提升地震抗灾能力，离不开经济建设以及区域发展，经济发展水平的高低决定着承灾体应对自然灾害能力的强弱。研究结果表明，随着经济水平大幅度增长，地震抗灾能力指数也随之不断提升。因此促进经济健康发展，保障国民收入平稳，对提升中国地震抗灾能力有正向促进作用。此外，经济发展水平的高低不仅仅在于总量的多少，还在于质量是否过硬，结构是否合理。经济多样性对抵抗自然灾害也有一定的正向作用，就地震灾害而言，其对第一产业造成的负面影响就小于对第三产业的影响。因此，促进经济发展的同时，要注重优化产业结构。

（四）注重社会资本积累，发展科教文卫事业

社会资本是地震抗灾能力强弱的重要体现，无论是防灾减灾，还是应急救援，或者是灾后恢复，社会资本都是社会经济稳定发展的重要支柱。科教文卫事业是人们生活的基本需求，是提升地震抗灾能力的重要途径。教育事业不仅能带来强大且优质的人力资本，同时对提高国民素质、提高人们防震减灾意识有所帮助。医疗卫生体系对提升抗灾能力同样重要，医疗卫生机构以及医护从业人员是灾后第一时间提供救助的最有效力量，高水平的医疗条件更是能有效降低因灾致伤人员的死亡率。社会资本内涵丰富，涉及社会方方面面，本书不再详细论述。

（五）保障物质资本供应充足

本书提到的物质资本，特指地震灾害中的物资储备和其他方面的准备情况，比如地震监测台网和地震观测点等。从国家层面来说，监督并确保地方政府储备足够的应急物资，可以按照当地地震灾害的发生概率制定不同物资储备标准，以确保地震灾害发生后人们的基本生活能够得到保障。加快地震台网建设和地震观测点的设置，使其尽可能覆盖整个国家的各个区域，以便于地震数据收集和地震信息观测。

（六）发展人力资本，培养专业人才

发展人力资本，首要任务是普及抗震减灾知识教育，让更多的人具备基本的自救能力，尤其是一些青壮年人群，更应该具备防灾减灾意识和基本的应急技能；其次，组建专门的地震防灾减灾工作小组，一方面可以培养科研型人才，专注于对地震活动和地震预防等问题的深入研究，为中国抗震减灾事业提供学术支撑；另一方面能够培养实践型人才，组建地震灾害应急救援队伍，也可以招收志愿者或者兼职救援人员，以便在地震灾害发生时有足够的人力资源进行灾后救援和现场调度，确保落实应急救援工作，降低地震灾害损失。

第二节　区域层面

根据中国区域地震抗灾能力分析结果，中国六大区域地震抗灾能力水平高低依次是：华东地区>华北地区>中南地区>西南地区>西北地区>东北地区。本书将按照各区域地震抗灾能力水平排名情况，依次对各区域地震抗灾能力建设提出有针对性且合理的建议。

一　华东地区

华东地区包括七个省市，是名副其实的地理大区。

华东地区毗邻地震频发的环太平洋地震带，地质构造背景复杂，中国 23 条主地震带中的 2 条经过该区，分别是郯城—营口地震带和东南沿海地震带，其中东南沿海地震带及周边区域还是中国五大地震活动区之一，历史上发生过多次中强破坏性地震。根据前文分析结果，华东地区地震抗灾能力水平最高，脆弱性指数得分处于中等水平，准备程度指数得分最高（如图 9-1 所示）。

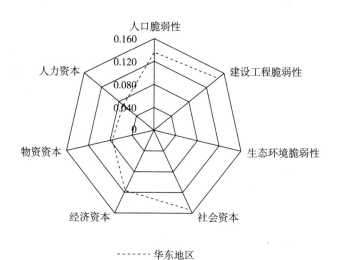

图 9-1　华东地区地震抗灾能力影响因素

　　华东地区地震脆弱性主要表现在人口和建设工程两个方面。人口方面，该地区人口稠密，拥有约 4 亿人口，占全国人口总量的 28%，潜在受灾人口居多；另一方面，华东地区城镇化率较高，500 万以上常住人口的城市约有 25 个，人口分布密集，一旦发生地震极易成灾，且救援难度大。因此，降低人口脆弱性，提高居民地震抗灾能力至关重要。对于华东地区而言，首先，要提高居民抗震意识；其次，由于地区人口密度大，地震来临时快速逃生的可能性不大，尤其是高层居住的居民，就近躲避是最为合理的应对方式，故开展地震逃生知识普及和增加地震情境逃生演练等活动，有利于降低人口脆弱性，减少地震灾害人员伤亡。

　　建设工程方面，华东地区建（构）筑物密度大，建设工程脆弱性主要体现在暴露程度高这一方面。针对这一现状，加强华东地区建设工程监管力度，保证建设工程符合抗震设防标准十分必要。同时，应减少地震带周围地区的大型工程建设，合理规划城市用地范围，提高建设工程项目结项审核标准等。

　　准备程度方面，华东地区得分最高，准备程度最为完善。但在人力资本和物质资本方面还存在薄弱之处，人力资本得分仅有 0.07，物质资本得分 0.076。华东地区经济繁荣，社会发展进程迅速，国内生产总值占据全国 35% 以上，其中"长三角"是中国经济规模最大的经济圈，因此在经济资本和社会资本方面，华东地区具备极大的优势。

　　人力资本方面的欠缺主要体现在防震减灾行业人员数量较少。对华东地区而言，地震应急部门应该组建专业的抗震救灾团队，对地震灾害进行研究和发布地震相关信息，或者定期培训编外救援力量，以便在地震来临时，有足够的应急救援队伍用于搜救和从事应急工作。

　　物质资本方面，主要表现在地震应急物资储备的保障力度。一方面重点地区提前储备，在易发生地震灾害的重点地区或附近区域设立存储点，华东地区可围绕"两个重点（闽东南、皖东苏北），一个中心（沪宁杭）"地区，提前预储救灾所需的各类保障物资；另一方面可以借助社会力量预备征用。当地政府可以与地方企业签订相关协议，以实物预征和生产能力预征的方式，对不便存储或市场存量较大的通用型装备和生活必需品等实行预征，做到未雨绸缪，形成应急救援力量自我保障和地方支援有机结合，确保一地发生地震灾害，全区联动，争取将地震准备工作做到完善、系统、全面。

二　华北地区

人口稠密且经济高速发展的华北地区是中国政治、经济和文化中心。中生代以来华北地区克拉通遭到严重的破坏，造成岩石圈变薄、地幔性质改变以及地壳内大规模活动等问题，致使华北地区成为地质构造强烈活动的地区，发生过多次灾难性地震，如邢台地震、唐山地震等。

根据图9-2，华北地区地震抗灾能力水平属于中等偏上，脆弱性指数得分最低，准备程度得分低于华东地区和中南地区，处于中等水平。从三级指标来看，华北地区在人口、建设工程方面的脆弱性较低，人口脆弱性得分均值仅为0.064，建设工程脆弱性得分均值为0.106，说明华北地区暴露于地震灾害下的人口密度和建设工程相对较少，且建设工程达到设防标准占比较大。从准备程度来看，华北地区在物质资本准备方面得分最高，但在社会资本和经济资本方面较华东地区还存在一定的差距。

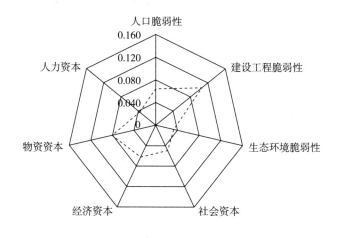

------ 华北地区

图9-2　华北地区地震抗灾能力影响因素

因此，对华北地区而言，提高准备程度指数更有利于提升华北地区地震抗灾能力。华北地区拥有 1.68 亿人口，夏季高温多雨，冬季寒冷干燥，降水量总体较少。经济上，除了北京、天津以外，其他地区经济发展均处于中等水平，经济发展水平直接关系着地震应急管理能力和灾后恢复能力，因此协调京津冀资源，不断推动京圈周边的省市经济快速发展，加强华北地区地震应急区域联防联动工作，有利于提高华北地区地震抗灾能力。可以以雄安新区为试点，构建华北地区区域灾害应对指挥部，负责华北地区自然灾害防御、准备和应急事务。

社会资本方面，首先，作为中国教育摇篮的华北地区是中国高等教育最发达的地区，这里高等院校遍布，堪称拥有中国教育资源最多的地区。其次，医疗卫生方面，该地区汇聚众多三甲医院，但值得关注的是，资源不均衡是华北地区面临的最大问题，首都北京资源聚集，但周边省市资源相对匮乏，因此合理协调资源，充分利用和借助外援是华北地区提升地震抗灾能力的有效途径之一，保证地震准备工作做到全面、均衡至关重要。

此外，做好地震应急预案；定期检查学校、医院、农村等地的老旧房屋抗震情况；牢固树立农村民居的抗震防灾意识；全面、准确地宣传防震减灾工作，建设地震应急宣传平台等也都是推进防震减灾事业深化改革和全面发展的重要措施。

三　中南地区

中南地区地域跨度非常大，从河南省开始一直延伸至海南省，其地理特征和风土人情也各不相同，地理位置上多将其划分为华中三省和华南三省，拥有约 4.05 亿人口。中南地区地震抗灾能力处于中等水平，其中灾害脆弱性指数偏高，且准备程度不足。相比之下，中南地区地震活动较少，中强度地震主要集中在广西壮族自治区和湖北省部分地区。

根据分析结果（见图 9-3），影响中南地区地震抗灾能力水平的主要原因在于人口和建设工程脆弱性程度较高，且经济资本和物质资本准备不充分。降低承灾体人口脆弱性方面，可采取以下对策：首先，鉴于中南地区人口密度大，聚集性程度高，人群分散居住不符合实际情况，故培养该地区居民抗震意识十分重要，宣传地震相关知识，让人们对地震灾害有一定了解，掌握基本的自救逃生技能，减少人员伤亡和经济损失。其次，该地区可以仿照武汉市民防办建立地震科普教育基地，定期开展安全教育活动，利用图文和实景体验传授地震来临时采用的自救、逃生和互救技能。

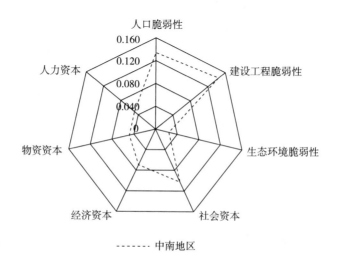

图 9-3　中南地区地震抗灾能力影响因素

降低建设工程脆弱性可参考华东地区，制定建设工程设防要求，严格监管建设项目结项审核标准，与此同时，还有必要排查现有的和在建的施工工地潜在的安全问题；另外，中南地区城市进程较慢，存在大量农村人口，因此开展农村地区房屋抗震性能排查，对危房加以改造、翻新等有利于减少地震人员伤亡，降低中南地区承灾体脆弱性。

准备程度方面，中南地区在经济、物质、人力等方面比较薄弱，应加大抗震救灾资金投入和地震防御项目建设；在人力资本方面，作为人口聚集区域，中南地区人才队伍却比较欠缺，一方面人才流失严重；另一方面教育水平比较落后。基于此，中南地区应该加大人才引进政策，笼络人才，为中南地区稳定发展创造人力资本；同时，应该加强教育，提高教育水平，提升居民基本素养，为地震抗灾能力建设贡献力量。

四 西南地区

西南地区，作为中国六大地理分区之一，包括四川、贵州、云南、西藏、重庆五个省（市、自治区），该地区主要以高原和山川为主，地形结构非常复杂，地震最为频发，不仅发震频度高，而且烈度强，震后还容易发生山体滑坡、泥石流、塌方、堰塞湖等次生灾害，进一步扩大震害范围。除了自然地理环境，地区应急救援的设施环境也不容乐观。由于自然条件恶劣，除了成渝地区经济比较发达之外，西南地区大部分区域社会经济发展较慢，住房建设质量低下，生命线项目单一，基础设施建设相对缓慢，缺乏地震救援力量，因此有效提升西南地区地震抗灾能力至关重要。

根据分析结果（见图9-4），西南地区地震抗灾能力总体处于中等偏低水平。其中，地震脆弱性指数为0.314，脆弱性程度最高，是中国最容易遭受地震灾害的地区；准备程度处于中等水平，需要进一步完善和加强。具体来看，西南地区地震脆弱性主要体现在人口、建

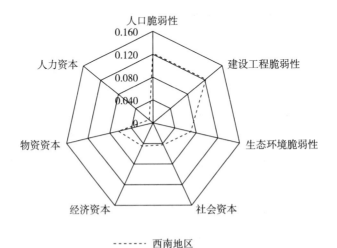

图9-4 西南地区地震抗灾能力影响因素

设工程、生态环境三个方面，其中相对于中国其他地区，西南地区生态环境脆弱性指数最高，其次是建设工程脆弱性。因此降低西南地区承灾体脆弱性是目前最有效的抗灾能力提升途径之一。

（一）提升房屋建筑抗震性能

穿斗木屋架房屋是西部地区普遍的传统木结构民居。这种结构的整体性相对比较好，在地震中很少发生完全倒塌的情况，其抗震性往往比自建房和砌体结构的更好。但是在非城市地区和农村地区，有许多自建房屋，其中大多数是没有构造措施的砖混结构，抗震性相对较低。有些是根据传统的建造方法和当地工匠的习惯建造的，抗震性能非常低。因此，政府要在民众自建房屋时提供一些指导，采取适当的抗震构造措施，建造坚固且防灾性能良好的房屋结构；同时，应培训当地建筑工匠的施工技能，提高建筑的防震抗震性能，健全建筑物验收体制机制，以避免出现"豆腐渣工程"。此外，在进行房屋工程等建设选址的时候，要尽量避开泥石流、滑坡、崩塌等相对危险的位置，避免在地势低洼的地方选址，以免建设区域的土层过于松软等。

（二）保护当地生态环境

保护生态环境有利于构建生态文明，稳定自然生态和谐，减少破坏，可以极大程度地避免因环境引发的自然灾害；保护生态环境，植树造林，减少挖掘、开垦等活动，可以适当减少因开挖出现的滑坡、崩塌等地质灾害，对减少地震次生灾害有帮助。

（三）构建适量的应急避难所

应急避难场所是非常重要的防灾设施，作为一个公共场所，可以在地震灾害发生时进行人员疏散、安置、救助并提供短暂生活设施服务。对于西南地区而言，地震灾害频发，在该地区构建适量的应急避难所至关重要。除了可以将公园绿地和草坪等自然空间作为紧急避难场所外，还需要规划面积更大，容纳人数更多的公共应急区域，例如学校、广场、应急临时场所等，方便灾后居民安置。应急避难场所建造规划应因地制宜、统筹各方、合理选址，确保应急场所容易达到、安全性好且覆盖面广。另外，应急避难场所要达到能发挥其基本作用的规模，比如应该具备生存和生活所需的基本活动空间和条件。

准备程度方面，西南地区可以参考中国其他地区抗震减灾准备工作，比如制定区域应急预案，建立区域地震应急指挥部，推动区域经济水平发展，大力发展医疗卫生和教育等。

五 西北地区

西北地区是中国地震活动最为活跃的地区之一。中华人民共和国成立以来，中国西北地区共发生地震（$Ms \geq 6.0$）96 次，其中，6.0—6.9 级破坏性地震 81 次，7.0—7.9 级大地震 14 次，特大地震（$Ms \geq 8.0$）1 次，地震活动频度高且强度大。该地区地域辽阔，地形地貌和气候特征复杂多样，经济发展相对落后，农村居民占比较大，总体上地震抗灾能力水平比较低。

根据图 9-5，中国西北地区地震脆弱性指数为 0.289，总体水平偏高，仅次于西南地区；准备程度指数为 0.105，准备程度偏低。进一步地，西北地区农村人口居多，人口脆弱性表现较为明显，村民防震减灾意识较为淡薄，相同震级下的地震给农村地区带来的灾害损失明显高于城镇。因此该地区亟须加强农村人口抗震防灾意识，普及地震灾害相关知识以及常见的地震逃生办法。鉴于西北地区房屋建筑呈现出结构类型多、区域性分布、年代特征显著和抗震性能差异大等特点，且就地震灾害而言，导致西北地区经济损失和人员伤亡巨大的主要原因在于农村地区房屋脆弱性程度高，因此，提高该地区农村民房整体抗震设防水平，对提升西北地区地震抗灾能力意义重大。按照居民房屋建筑类型和材质，可将西北地区农村房屋细分为六大类：窑洞、土木结构、木架结构、石结构、砖木结构和砖混结构。其中窑洞、土木结构、石结构的抗震能力相对比较差，土架结构和砖木结构的抗震能力中等，砖混结构的抗震能力相对较好。对于抗震性能较差的土木结构房屋和窑洞，应该采取抗震加固或拆除重建等策略，大幅改善其抗震能力，避免因地震灾害对人身、财产等安全构成威胁；对于抗震性能中等的木构架承重房屋和砖木结构房屋，则需要进行改造，通过研发相对经济有效的抗震设防技术，达到改善其抗震性能的目的；对于抗震性能比较好的砖混结构应该给予支持，鼓励群众在力所能及的范围内建造砖混结构房屋。策略可以先在具有一定经济能力的农户中推广，对于资金相对紧张、经济能力不足的农户可采取财政支持和资金自筹相结合的方式来进行引导改进，以此来提升西北地区房屋抗震性能。

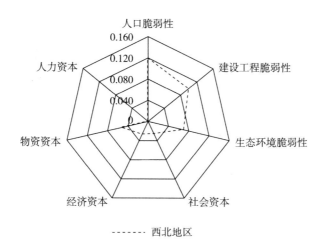

图9-5　西北地区地震抗灾能力影响因素

准备程度上，西北地区较其他经济发达地区差距明显，尤其是人力资本、经济资本和社会资本最为欠缺。对于西北地区，发展经济是首要目标，经济带动社会发展，进而吸引优秀人才。

六　东北地区

东北地区位于中国最北方，该地区人口较多，土地肥沃，森林覆盖率高，是中国著名的粮食产量地区，而且重工业发达，曾一度占有中国95%的重工业基地。地质环境方面，东北地区中强地震次数相对较少，地震区分布相对分散，一般地震都发生在松辽盆地，没有形成区域性地震高发区。

东北地区地震抗灾能力薄弱，脆弱性水平较高，其准备程度更是处于全国最低水平。因此，提升东北地区地震抗灾能力主要任务是提高其准备程度，做好地震灾害应对准备工作（见图9-6）。

（一）借助地方特色，推动经济发展

东北地区粮食产量和农作物产量单产均处于全国领先地位，当地政府应该以此为契机，发挥东北"黑土地"优势，对土地进行合理规划，种植特色农产品，发挥其最大价值，真正做到物尽其用，带动当地经济发展。

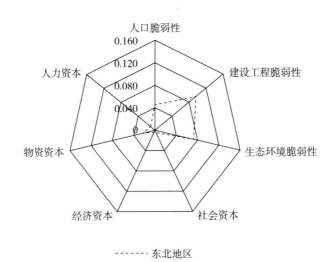

图 9-6　东北地区地震抗灾能力影响因素

（二）完善社会治理体系，加大科教文卫事业投入

科教文卫事业是社会资本的重要组成要素。东北地区高校人才教育相对平稳，重点高校分布较多，但地质灾害科研人员占比较少，应当适当增加该类型科研项目，鼓励当地高校对地震灾害进行研究。医疗卫生事业和社会救援捐赠等是东北地区较为欠缺的，尤其是吉林省和黑龙江省，当地政府应该加大资金投入，进一步完善社会治理体系。

第三节　典型省份

中国各省地震抗灾能力指数各不相同，且导致各地区地震抗灾能力差异化的原因也略有差别。因此精准施策就显得格外重要，本节将以地震灾害发生较频繁的四川、云南、陕西为例，对这三个省份的地震抗灾能力进行深入分析，精准施策，提出提高地震抗灾能力的策略。

一　四川地震抗灾能力提升策略

四川省位于中国西南地区，是中国地震的高发区。就地震抗灾能力来说，四川省在人口和建设工程方面十分脆弱，在生态环境方面比较脆弱，但在物质资本方面极具优势，在人力和社会方面的准备也比较完善，经济方面的准备则处于中等水平。因此，根据地震抗灾方面的准备程度比较完善，但承灾体脆弱性却很高这两方面，可以判定四川的地震抗灾能力处于中下等。故对于四川省来说，降低承灾体脆弱性是提升地震抗灾能力的有效策略。

（一）承灾体脆弱性采取措施

降低承灾体脆弱性。一方面是通过降低人口脆弱性；另一方面是降低建设工程脆弱性。可采取的策略如下。

（1）提升四川省常住人口抗震减灾意识，通过建立地震纪念馆，宣传科普地震灾害，以及在地震灾害来临时如何逃生等的知识技能。

（2）学校开展安全知识教育，模拟地震逃生场景等，提高学生在地震灾害来临时的应对能力，减少地震发生造成的人员伤亡。

（3）对弱势群体进行登记和定期抽查，了解其居住环境和自理能力，以便在地震发生时提供及时救援。

（4）对建筑物定期检查，对不符合抗震标准的房屋进行改造或者重建，尤其是农村地区，居民自建房屋抗震性能较差，应该重点排查。

（5）加强生命线系统工程建设标准，并对排水系统及重要综合管廊进行定期检查和维护，避免地震灾害发生时系统瘫痪、损毁或者破坏等。

（6）对已建或在建工程项目加强监管力度，对设防要求不合格的项目工程不予结项，直到项目工程符合当地地震设防标准为止；同时保证城乡建设工程规划合理，避免在地震带周围及地震活动频繁的地区建构房屋及其他大型建筑。

（7）爱护生态环境，坚持绿水青山就是金山银山的生态理念，增加植被覆盖率，适当增加各地区的公园个数，且保证各地区有布局合理且足够数量的应急避难场所。

（二）准备程度采取措施

除了降低承灾体脆弱性之外，四川省在准备程度方面也应该继续完善，提升自身经济水平，注重协调城乡发展，在保证城市经济不断进步的同时要保证农村地区经济不断发展，经济基础决定上层建筑，经济水平往往决定着该地区的抗灾能力水平。

二　云南省地震抗灾能力提升策略

云南省位于中国西南地区，与四川省同为中国内陆地震灾害最为频发的地区。云南境内分布的地震带数目多达 8 条，其中纵贯全省的小江强震带曾发生过多起地震，历史上云南省发生过大地震（Ms ≥ 7.0）4 次，地震活动十分频繁。云南省相比于四川省而言，除了在生态环境和建设工程方面比较脆弱之外，在人力资本方面也比较欠缺。与四川省较为类似的是，云南省在物质资本方面也比较具有优势，但在经济、社会方面的准备则处于中等水平。因此，对于云南省而言，降低承灾体脆弱性只是一方面，同时提升准备程度也比较关键，尤其是人力资本方面的储备。

（一）承灾体脆弱性采取措施

从降低脆弱性程度来看，云南省内部地震带分布广泛，地震生态环境比较严峻。除了要爱护环境，保护生态之外，人为降低地震灾害的风险冲击必不可少。具体可采取的策略如下。

1. 加大地震灾害预防

强化基础设施的建设，增强自建房、办公楼、学校和医院等的抗震能力，确保在发生地震灾害时，居民房屋的稳定性和安全性；在地震频发的地区，有关部门要将抗震救灾的相关知识、地震逃生技巧等宣传给群众和各部门，做好防灾前期工作。

2. 灾前做好防御工作，灾后做好应急救援

在发生地震灾难之前，应做好预防准备工作。云南省是中国地震频发地区，地震防御与当地居民的人身安全和经济发展息息相关。

3. 加大对地震灾害预警、防御研究

地震灾害无法做到预报，但是做好地震预警是可行的。利用地震横波和纵波之间的时间差，及时向当地居民发布地震预警信息，尽可能地为人们争取逃生时间，对降低地震灾害造成的人员伤亡大有助益。

（二）准备程度采取措施

云南省作为地震高发区，除基本的经济、社会、物资、人力等方面的准备工作需要不断推进之外，还要充分利用资本市场的力量。

三　陕西省地震抗灾能力提升策略

陕西省位于中国西北地区，境内也有众多地震带分布，最为著名的是汾渭地震带。相比于四川省和云南省，陕西省的地震活跃性相对较弱，但是陕西省的地质特征及地震发生频率比较符合中国大多数中西部省份的地震活动特征，因此探索陕西省地震抗灾能力提升策略，对中国其他省（市、区）比较有借鉴意义。

陕西省的承灾体脆弱性程度处于中国中等偏下水平，其面临地震灾害袭击的风险相对地震频发地区较小，除了在生态环境方面比较脆弱之外，建设工程和人口方面的脆弱性程度都处于中等水平。但是陕西省在地震准备程度方面的表现较为一般，除了在物质资本方面具有一定的优势之外，在社会、经济、人力方面的准备还比较欠缺。因此，对于陕西省而言，降低建设工程脆弱性，提升准备程度最为关键。

（一）承灾体脆弱性采取措施

1. 建设工程方面

陕西省区域内农村房屋的抗震结构有四种类型：框架结构、砖混结构、砖木结构和土木结构。现已基本被拆迁完毕的土木结构占比非常小。该地区已有和拟建的主要结构类型是砖木结构和砖混结构。因此陕西省首先应该出台政策禁止或者限制房屋开发商以及居民在地质灾害易发区、建筑抗震不利地段和建筑抗震危险地段建房；其次是加大监管力度，保证房屋抗震性能；最后是对城市、农村的关键基础设施和生命线系统进行定期排查，发现问题及时解决，做到即使发生自然灾害，系统依旧能正常运转。

2. 生态环境方面

对地震灾害而言，人们试图去改变地质结构的可能性很小，因此侧面保护就显得尤为重要。比如加大植树造林，扩大绿化面积，减少人类活动对环境的伤害等，树立居民的环保意识，让尊重自然成为一种文化理念。

（二）准备程度采取措施

与前文所提政策类似：促进经济发展，多元化产业结构；加大医疗卫生硬件设施建设，完善社会治理体系等。陕西省经济水平处于中国中等水平，人均收入较东部沿海地区差距较大，基础设施、医疗、教育等都有待提高，其中人力资本比较欠缺，如何出台更好的政策留住人才也是当地政府应该思考的问题。

另外，准备程度方面的欠缺对于中国中西部地区而言是个普遍存在的问题，值得多部门加强关注。发展经济是首要，但提高人们的防灾减灾意识也必不可少。

以上是根据四川省、云南省、陕西省三个典型省份的地震抗灾能力特征给出的地震抗灾能力提升策略，其他省份鉴于篇幅原因，本书不再做详细论述。地震抗灾能力提升策略具有可推广性，各省（市、区）应该互相借鉴，并结合当地实际情况，精准施策，以达到有效提升本地区地震抗灾能力的目的。

第十章　结论与展望

第一节　研究结论

本书以中国地震抗灾能力指数为研究对象，设计了一套地震抗灾能力指数体系和模型，用于评估中国地震抗灾能力水平，为中国地震抗灾能力建设提供参考依据，主要结论如下。

1. 中国地震活动频次呈现波动性和区域性明显的特点，地震灾害对中国经济造成了一定的负面影响

通过对中国地震灾害时空分布特征和经济影响的分析，本书发现中国地震灾害发生频次呈现波动性的特点，长期来看，地震活动明显增多；其次，地震活动区域性明显，中国西部地区地震发生频次明显多于东部地区，其中云南省、四川省、新疆维吾尔自治区等地区地震灾害最为频繁；地震灾害对中国农业、服务业产生负面影响，而对工业则是正向影响，并且随着地震震级的增加，影响会加重。

2. 构建具有中国特色的地震抗灾能力指标体系和指数模型

本书以地震灾害系统为理论基础，结合中国抗震减灾法律政策，对中国地震抗灾能力指数研究范畴进行界定，围绕承灾体脆弱性和准备程度展开中国地震抗灾能力指数研究。通过梳理国内外现有抗灾能力指标体系，结合中国地震灾害情境，本书构建了一套包含2个一级指标、7个二级指标和35个三级指标的中国地震抗灾能力指标体系：一是国家在面临地震灾害时承灾体所表现出来的脆弱程度，包括人口脆弱性、建设工程脆弱性和生态环境脆弱性；二是国家在为应对地震

灾害所做的准备程度，包括社会资本、经济资本、物质资本和人力资本；三是参考美国圣母大学全球适应性指数，建立中国地震抗灾能力指数模型。

3. 中国地震抗灾能力指数偏低，且各地区地震抗灾能力不尽相同

运用地震抗灾能力指数模型从国家层面、区域层面（华北、华东、中南、西南、西北、东北）和省份层面对中国地震抗灾能力指数进行评价与分析。研究发现中国地震抗灾能力指数总体偏低，地震抗灾能力水平有待提升，但随着时间发展，地震抗灾能力也在逐渐增强；区域层面，中国地震抗灾能力水平最好的区域是华东地区，其次是华北地区、中南地区、西南地区、西北地区，最差的是东北地区；省级层面，中国各省份抗灾能力最强的是北京市，其次是广东省，最弱的是西藏自治区。

4. 承灾体脆弱性程度随时间变化不大，准备程度则逐年增强

根据地震抗灾能力指数评价分析，中国各地区在面临地震灾害时，承灾体脆弱性程度随时间变化不大，准备程度则逐年增强。一方面，承灾体脆弱性与地域特征联系紧密，人口、建筑物、基础设施和生态环境在短期内变动的可能性较小，因而承灾体自身具有一定的稳定性；另一方面，随着经济的快速发展，经济资本积累，社会治理更加有效，地震准备程度也随之不断增强。

5. 提升地震抗灾能力的关键在于提升准备程度，降低承灾体脆弱性

根据地震抗灾能力指数分析，影响中国地震抗灾能力指数的主要因素是准备程度，因此有效提升各地区地震抗灾能力的关键在于完善地震准备工作，从灾中应急过渡到灾前防御。对国家层面而言，出台相应政策、贯彻防灾减灾救灾工作是首要；对区域层面而言，根据区域地理特征，扬长补短，建立区域联合防震减灾联盟等均有助于提升地震抗灾能力；对于各省份而言，补短板、精准施策是其提升抗灾能力的最有效措施。

第二节 研究展望

本书以中国地震抗灾能力指数为研究对象，致力于构建一套具有中国特色的地震抗灾能力指数体系和模型，丰富地震抗灾能力指数研究理论。但随着研究的深入，本书发现在体系构建方面仍存在一定的局限性，今后还需要进一步完善和提高。

1. 本书建立的中国地震抗灾能力指标体系不够全面

由于指标数据获取困难和科学技术的限制，导致部分定性指标无法量化，如生态环境脆弱性的部分子指标涉及地震带和地震烈度，在量化方面存在一定的困难，只能剔除。针对以上问题，在今后的研究中会继续对该指标体系进行优化和修正，使得该模型更加全面且科学有效。

2. 交叉学科专业知识有限

交叉学科专业知识有限导致本书更偏向于人文社科类而缺少地质学、环境科学等学科上的思想。地震灾害研究涉及多门学科，需要地质学、地理科学等学科的专业知识，因为知识面有限，导致本书存在一些不足之处，在后续的研究中笔者会加强理论知识学习，拓宽知识面，尤其是要深入学习地质学相关的专业知识，以便更好地进行地震抗灾能力方面的研究。

3. 地震抗灾能力指数评价结果的可视化程度受限

指数研究的关键在于根据指数的变化观察评价主体的发展趋势和演变过程，但由于本书篇幅有限，且图表在文本中无法动态显示，故只能展示地震抗灾能力指数的部分分析结果，针对这一问题，今后在条件允许的情况下会通过网页进行动态展示。

附　　件

一　2009—2018 年中国地震抗灾能力指数

附表 1-1　　　　　2009 年中国地震抗灾能力指数

地区	PV	CV	EV	EVI	SP	EP	PP	HP	EPI	CERI
北京	0.018	0.130	0.029	0.177	0.086	0.071	0.047	0.049	0.253	53.782
广东	0.081	0.138	0.029	0.247	0.110	0.098	0.033	0.050	0.292	52.273
江苏	0.096	0.165	0.014	0.275	0.078	0.061	0.040	0.040	0.219	47.230
浙江	0.080	0.136	0.047	0.262	0.068	0.061	0.020	0.032	0.181	45.951
上海	0.051	0.144	0.060	0.254	0.061	0.072	0.012	0.029	0.173	45.946
山东	0.086	0.163	0.024	0.273	0.065	0.052	0.031	0.037	0.185	45.602
辽宁	0.065	0.157	0.050	0.272	0.053	0.044	0.020	0.036	0.154	44.107
内蒙古	0.064	0.159	0.043	0.266	0.029	0.038	0.028	0.018	0.113	42.364
福建	0.118	0.174	0.041	0.333	0.048	0.036	0.059	0.030	0.174	42.051
湖北	0.049	0.159	0.073	0.281	0.033	0.059	0.016	0.014	0.122	42.033
吉林	0.089	0.172	0.032	0.294	0.038	0.036	0.031	0.025	0.131	41.856
河北	0.078	0.161	0.053	0.292	0.027	0.028	0.048	0.025	0.128	41.809
陕西	0.057	0.162	0.058	0.278	0.028	0.036	0.020	0.020	0.105	41.350
山西	0.088	0.164	0.054	0.305	0.031	0.037	0.027	0.017	0.112	40.331
四川	0.096	0.154	0.050	0.299	0.027	0.039	0.022	0.016	0.105	40.302
黑龙江	0.121	0.164	0.048	0.333	0.048	0.030	0.030	0.031	0.139	40.286
重庆	0.081	0.174	0.047	0.301	0.031	0.030	0.013	0.029	0.103	40.090
天津	0.123	0.156	0.064	0.343	0.030	0.024	0.065	0.016	0.135	39.605
河南	0.109	0.167	0.045	0.321	0.033	0.034	0.022	0.020	0.109	39.387
安徽	0.106	0.173	0.052	0.331	0.035	0.028	0.017	0.024	0.104	38.651
云南	0.109	0.168	0.049	0.326	0.030	0.025	0.018	0.019	0.092	38.271

地区	PV	CV	EV	EVI	SP	EP	PP	HP	EPI	CERI
甘肃	0.108	0.168	0.053	0.329	0.021	0.035	0.011	0.010	0.078	37.429
青海	0.122	0.174	0.038	0.333	0.028	0.025	0.015	0.014	0.081	37.405
湖南	0.092	0.172	0.039	0.303	0.008	0.026	0.010	0.004	0.049	37.284
广西	0.099	0.177	0.058	0.333	0.026	0.020	0.010	0.022	0.078	37.267
新疆	0.118	0.170	0.071	0.359	0.027	0.019	0.034	0.009	0.089	36.529
宁夏	0.113	0.172	0.089	0.374	0.034	0.019	0.032	0.013	0.097	36.158
贵州	0.091	0.175	0.052	0.318	0.014	0.005	0.004	0.005	0.028	35.494
海南	0.108	0.167	0.081	0.355	0.015	0.025	0.012	0.002	0.054	34.934
江西	0.135	0.160	0.077	0.372	0.020	0.018	0.003	0.009	0.050	33.895
西藏	0.141	0.179	0.078	0.398	0.012	0.017	0.004	0.000	0.033	31.754

附表 1-2　　　　　　　2010 年中国地震抗灾能力指数

地区	PV	CV	EV	EVI	SP	EP	PP	HP	EPI	CERI
北京	0.063	0.137	0.015	0.214	0.111	0.078	0.033	0.050	0.273	52.919
广东	0.020	0.133	0.047	0.200	0.084	0.071	0.042	0.048	0.245	52.266
江苏	0.040	0.124	0.061	0.225	0.057	0.071	0.011	0.028	0.168	47.131
浙江	0.084	0.168	0.027	0.279	0.076	0.061	0.030	0.042	0.209	46.468
上海	0.077	0.140	0.045	0.262	0.068	0.061	0.013	0.037	0.179	45.834
山东	0.065	0.146	0.047	0.258	0.054	0.046	0.027	0.038	0.166	45.400
辽宁	0.085	0.181	0.024	0.291	0.066	0.050	0.030	0.037	0.183	44.639
内蒙古	0.061	0.137	0.045	0.243	0.029	0.041	0.042	0.019	0.130	44.361
福建	0.058	0.138	0.054	0.251	0.030	0.029	0.034	0.020	0.113	43.110
湖北	0.084	0.165	0.026	0.275	0.036	0.036	0.032	0.026	0.131	42.775
吉林	0.056	0.153	0.068	0.276	0.031	0.061	0.024	0.014	0.129	42.637
河北	0.083	0.146	0.048	0.277	0.027	0.028	0.046	0.026	0.127	42.486
陕西	0.112	0.177	0.054	0.342	0.048	0.058	0.052	0.030	0.187	42.269
山西	0.090	0.150	0.047	0.287	0.028	0.040	0.019	0.016	0.103	40.788
四川	0.076	0.168	0.048	0.292	0.029	0.030	0.018	0.029	0.107	40.737
黑龙江	0.083	0.149	0.079	0.312	0.035	0.038	0.027	0.017	0.117	40.253
重庆	0.117	0.158	0.062	0.336	0.047	0.030	0.031	0.031	0.139	40.145

地区	PV	CV	EV	EVI	SP	EP	PP	HP	EPI	CERI
天津	0.100	0.165	0.046	0.311	0.031	0.033	0.020	0.021	0.105	39.721
河南	0.122	0.153	0.070	0.345	0.030	0.021	0.062	0.016	0.129	39.192
安徽	0.103	0.159	0.068	0.330	0.041	0.016	0.031	0.013	0.101	38.557
云南	0.081	0.159	0.037	0.277	0.008	0.027	0.008	0.004	0.046	38.479
甘肃	0.110	0.172	0.049	0.331	0.031	0.025	0.020	0.018	0.093	38.138
青海	0.111	0.186	0.033	0.330	0.027	0.025	0.022	0.015	0.090	37.995
湖南	0.099	0.171	0.047	0.317	0.023	0.032	0.009	0.011	0.075	37.860
广西	0.100	0.196	0.052	0.349	0.033	0.028	0.019	0.024	0.105	37.811
新疆	0.095	0.177	0.056	0.327	0.025	0.019	0.015	0.023	0.082	37.738
宁夏	0.112	0.158	0.070	0.340	0.027	0.028	0.031	0.009	0.094	37.715
贵州	0.085	0.165	0.048	0.298	0.017	0.006	0.005	0.005	0.034	36.778
海南	0.105	0.151	0.080	0.335	0.016	0.025	0.012	0.003	0.055	35.967
江西	0.135	0.163	0.080	0.378	0.020	0.020	0.002	0.009	0.051	33.656
西藏	0.135	0.166	0.096	0.396	0.006	0.017	0.002	0.000	0.025	31.422

附表 1-3　　　　　　　2011 年中国地震抗灾能力指数

地区	PV	CV	EV	EVI	SP	EP	PP	HP	EPI	CERI
北京	0.030	0.131	0.030	0.191	0.081	0.086	0.036	0.050	0.254	53.109
广东	0.063	0.170	0.016	0.249	0.094	0.067	0.028	0.061	0.249	50.033
江苏	0.034	0.138	0.054	0.225	0.061	0.092	0.014	0.031	0.197	48.588
浙江	0.085	0.165	0.023	0.272	0.078	0.063	0.034	0.052	0.227	47.743
上海	0.072	0.123	0.041	0.237	0.045	0.047	0.030	0.051	0.173	46.819
山东	0.084	0.161	0.039	0.284	0.073	0.070	0.012	0.048	0.203	45.968
辽宁	0.097	0.173	0.021	0.291	0.068	0.047	0.039	0.046	0.200	45.451
内蒙古	0.070	0.134	0.034	0.237	0.028	0.049	0.039	0.026	0.142	45.240
福建	0.075	0.128	0.045	0.248	0.027	0.031	0.031	0.028	0.117	43.441
湖北	0.094	0.134	0.041	0.269	0.026	0.024	0.051	0.034	0.135	43.312
吉林	0.091	0.152	0.026	0.269	0.034	0.031	0.029	0.034	0.127	42.894
河北	0.067	0.160	0.051	0.278	0.028	0.079	0.011	0.016	0.134	42.783
陕西	0.112	0.176	0.044	0.331	0.042	0.039	0.056	0.037	0.174	42.142

续表

地区	PV	CV	EV	EVI	SP	EP	PP	HP	EPI	CERI
山西	0.090	0.141	0.043	0.274	0.031	0.036	0.024	0.024	0.115	42.076
四川	0.093	0.142	0.039	0.274	0.029	0.050	0.016	0.019	0.114	42.004
黑龙江	0.084	0.158	0.041	0.283	0.030	0.030	0.022	0.035	0.117	41.689
重庆	0.110	0.135	0.038	0.283	0.031	0.033	0.018	0.029	0.112	41.426
天津	0.127	0.144	0.052	0.323	0.045	0.026	0.026	0.043	0.139	40.815
河南	0.098	0.160	0.019	0.277	0.028	0.038	0.010	0.015	0.090	40.646
安徽	0.081	0.137	0.033	0.250	0.007	0.031	0.007	0.005	0.050	40.004
云南	0.120	0.155	0.056	0.331	0.029	0.024	0.054	0.020	0.127	39.824
甘肃	0.113	0.169	0.042	0.324	0.030	0.026	0.019	0.026	0.101	38.841
青海	0.103	0.166	0.044	0.314	0.023	0.024	0.013	0.030	0.090	38.832
湖南	0.108	0.134	0.064	0.307	0.023	0.018	0.028	0.013	0.081	38.711
广西	0.110	0.141	0.084	0.334	0.038	0.018	0.030	0.018	0.103	38.443
新疆	0.112	0.186	0.033	0.331	0.028	0.027	0.023	0.018	0.096	38.278
宁夏	0.108	0.125	0.061	0.294	0.014	0.028	0.009	0.003	0.055	38.013
贵州	0.094	0.157	0.038	0.289	0.024	0.011	0.003	0.007	0.045	37.819
海南	0.107	0.205	0.048	0.359	0.034	0.028	0.018	0.032	0.112	37.638
江西	0.126	0.110	0.064	0.300	0.012	0.019	0.001	0.000	0.031	36.581
西藏	0.132	0.153	0.060	0.344	0.020	0.021	0.010	0.013	0.063	35.966

附表 1-4　　　　2012 年中国地震抗灾能力指数

地区	PV	CV	EV	EVI	SP	EP	PP	HP	EPI	CERI
北京	0.021	0.098	0.025	0.144	0.088	0.082	0.052	0.059	0.282	56.916
广东	0.065	0.136	0.013	0.214	0.112	0.078	0.036	0.060	0.286	53.613
江苏	0.086	0.140	0.024	0.250	0.122	0.066	0.041	0.055	0.284	51.660
浙江	0.040	0.094	0.054	0.187	0.066	0.081	0.016	0.035	0.198	50.538
上海	0.056	0.107	0.039	0.201	0.059	0.057	0.036	0.049	0.200	49.962
山东	0.057	0.124	0.037	0.219	0.084	0.071	0.014	0.049	0.218	49.921
辽宁	0.089	0.153	0.018	0.260	0.094	0.046	0.050	0.044	0.233	48.633
内蒙古	0.056	0.112	0.032	0.200	0.036	0.055	0.052	0.020	0.163	48.164
福建	0.099	0.140	0.038	0.277	0.062	0.045	0.072	0.034	0.213	46.824

续表

地区	PV	CV	EV	EVI	SP	EP	PP	HP	EPI	CERI
湖北	0.091	0.105	0.043	0.239	0.033	0.031	0.057	0.028	0.149	45.517
吉林	0.068	0.109	0.047	0.225	0.034	0.042	0.034	0.022	0.131	45.315
河北	0.098	0.119	0.028	0.244	0.047	0.032	0.036	0.030	0.145	45.058
陕西	0.085	0.113	0.042	0.240	0.040	0.047	0.032	0.021	0.140	45.010
山西	0.082	0.128	0.042	0.251	0.046	0.035	0.024	0.035	0.141	44.477
四川	0.071	0.127	0.054	0.251	0.026	0.078	0.018	0.018	0.139	44.384
黑龙江	0.090	0.117	0.037	0.245	0.034	0.055	0.020	0.020	0.129	44.226
重庆	0.103	0.115	0.037	0.255	0.046	0.042	0.023	0.026	0.138	44.152
天津	0.117	0.118	0.053	0.288	0.040	0.033	0.077	0.018	0.168	43.997
河南	0.105	0.121	0.016	0.242	0.043	0.050	0.012	0.015	0.119	43.879
安徽	0.138	0.116	0.046	0.301	0.067	0.017	0.030	0.034	0.149	42.367
云南	0.098	0.136	0.039	0.273	0.042	0.027	0.022	0.025	0.116	42.126
甘肃	0.074	0.117	0.041	0.233	0.027	0.035	0.006	0.006	0.075	42.107
青海	0.092	0.103	0.037	0.231	0.010	0.042	0.011	0.004	0.067	41.796
湖南	0.112	0.110	0.065	0.288	0.037	0.032	0.039	0.013	0.120	41.619
广西	0.115	0.112	0.080	0.307	0.044	0.033	0.040	0.014	0.131	41.222
新疆	0.108	0.133	0.045	0.287	0.036	0.025	0.017	0.028	0.107	40.988
宁夏	0.104	0.100	0.059	0.262	0.022	0.042	0.014	0.002	0.080	40.889
贵州	0.112	0.164	0.047	0.324	0.050	0.028	0.020	0.030	0.127	40.181
海南	0.124	0.154	0.025	0.303	0.042	0.034	0.010	0.017	0.104	40.056
江西	0.137	0.113	0.057	0.307	0.036	0.029	0.004	0.012	0.080	38.648
西藏	0.133	0.095	0.062	0.291	0.016	0.035	0.002	0.000	0.054	38.159

附表 1-5 　　　　　　　　2013 年中国地震抗灾能力指数

地区	PV	CV	EV	EVI	SP	EP	PP	HP	EPI	CERI
北京	0.036	0.089	0.024	0.149	0.087	0.097	0.052	0.050	0.287	56.890
广东	0.072	0.132	0.009	0.213	0.110	0.069	0.039	0.047	0.265	52.621
江苏	0.089	0.132	0.018	0.239	0.121	0.065	0.043	0.045	0.275	51.778
浙江	0.081	0.140	0.012	0.233	0.090	0.050	0.052	0.047	0.239	50.258
上海	0.058	0.115	0.032	0.205	0.081	0.074	0.015	0.034	0.204	49.930

续表

地区	PV	CV	EV	EVI	SP	EP	PP	HP	EPI	CERI
山东	0.066	0.097	0.035	0.197	0.065	0.050	0.035	0.039	0.189	49.596
辽宁	0.067	0.094	0.049	0.210	0.055	0.095	0.017	0.023	0.190	49.016
内蒙古	0.057	0.101	0.032	0.191	0.039	0.049	0.053	0.018	0.159	48.421
福建	0.105	0.134	0.054	0.293	0.069	0.062	0.073	0.030	0.234	47.005
湖北	0.091	0.109	0.023	0.223	0.040	0.033	0.037	0.028	0.138	45.772
吉林	0.091	0.113	0.071	0.275	0.039	0.054	0.078	0.018	0.189	45.708
河北	0.097	0.092	0.034	0.224	0.033	0.023	0.059	0.022	0.137	45.677
陕西	0.078	0.109	0.032	0.219	0.034	0.055	0.021	0.016	0.126	45.330
山西	0.083	0.116	0.042	0.241	0.025	0.082	0.018	0.014	0.139	44.908
四川	0.077	0.098	0.049	0.224	0.036	0.036	0.032	0.018	0.122	44.901
黑龙江	0.089	0.109	0.035	0.233	0.042	0.035	0.032	0.020	0.129	44.795
重庆	0.091	0.112	0.016	0.219	0.044	0.044	0.012	0.012	0.113	44.704
天津	0.087	0.131	0.048	0.265	0.052	0.047	0.027	0.027	0.152	44.349
河南	0.110	0.104	0.033	0.247	0.048	0.037	0.022	0.021	0.127	44.037
安徽	0.131	0.110	0.040	0.281	0.062	0.023	0.032	0.035	0.152	43.577
云南	0.082	0.097	0.024	0.203	0.018	0.029	0.010	0.004	0.061	42.908
甘肃	0.098	0.127	0.031	0.257	0.041	0.028	0.023	0.020	0.112	42.741
青海	0.101	0.105	0.052	0.258	0.039	0.018	0.040	0.012	0.108	42.511
湖南	0.087	0.126	0.038	0.252	0.032	0.024	0.019	0.023	0.098	42.308
广西	0.097	0.091	0.047	0.235	0.029	0.028	0.013	0.002	0.072	41.867
新疆	0.103	0.153	0.041	0.297	0.051	0.037	0.021	0.024	0.133	41.806
宁夏	0.108	0.098	0.086	0.292	0.053	0.019	0.042	0.012	0.125	41.669
贵州	0.072	0.106	0.035	0.214	0.020	0.014	0.006	0.006	0.045	41.572
海南	0.107	0.136	0.026	0.268	0.034	0.026	0.012	0.017	0.089	41.006
江西	0.112	0.119	0.040	0.271	0.040	0.035	0.004	0.010	0.089	40.910
西藏	0.103	0.089	0.071	0.263	0.015	0.015	0.002	0.000	0.033	38.486

附表 1-6　　　2014 年中国地震抗灾能力指数

地区	PV	CV	EV	EVI	SP	EP	PP	HP	EPI	CERI
北京	0.019	0.075	0.011	0.105	0.081	0.066	0.021	0.066	0.234	56.443

地区	PV	CV	EV	EVI	SP	EP	PP	HP	EPI	CERI
广东	0.067	0.144	0.014	0.224	0.097	0.085	0.049	0.037	0.267	52.144
江苏	0.078	0.141	0.019	0.238	0.113	0.070	0.028	0.046	0.257	50.945
浙江	0.047	0.112	0.042	0.200	0.067	0.069	0.023	0.030	0.189	49.440
上海	0.048	0.095	0.056	0.199	0.058	0.067	0.028	0.017	0.170	48.538
山东	0.083	0.152	0.020	0.256	0.080	0.063	0.039	0.042	0.223	48.387
辽宁	0.052	0.122	0.042	0.215	0.062	0.042	0.034	0.018	0.156	47.063
内蒙古	0.056	0.110	0.022	0.188	0.042	0.032	0.049	0.005	0.128	46.974
福建	0.077	0.110	0.041	0.228	0.033	0.047	0.049	0.015	0.144	45.829
湖北	0.087	0.147	0.045	0.279	0.059	0.050	0.045	0.021	0.176	44.839
吉林	0.073	0.108	0.042	0.223	0.039	0.029	0.043	0.004	0.114	44.593
河北	0.098	0.125	0.024	0.247	0.040	0.039	0.046	0.013	0.138	44.546
陕西	0.113	0.115	0.039	0.266	0.049	0.034	0.059	0.009	0.151	44.263
山西	0.088	0.113	0.044	0.245	0.037	0.034	0.041	0.007	0.118	43.679
四川	0.125	0.136	0.053	0.314	0.067	0.071	0.034	0.015	0.186	43.597
黑龙江	0.087	0.105	0.044	0.237	0.035	0.022	0.045	0.005	0.107	43.504
重庆	0.094	0.124	0.029	0.247	0.049	0.039	0.020	0.007	0.115	43.426
天津	0.066	0.126	0.057	0.249	0.024	0.046	0.019	0.016	0.104	42.778
河南	0.138	0.124	0.046	0.308	0.062	0.036	0.029	0.023	0.151	42.141
安徽	0.106	0.135	0.037	0.279	0.039	0.033	0.032	0.013	0.118	41.954
云南	0.105	0.123	0.084	0.312	0.044	0.058	0.038	0.008	0.148	41.808
甘肃	0.098	0.116	0.052	0.266	0.039	0.021	0.031	0.003	0.095	41.416
青海	0.093	0.089	0.063	0.244	0.037	0.021	0.013	0.001	0.072	41.382
湖南	0.113	0.159	0.044	0.315	0.055	0.043	0.023	0.012	0.133	40.899
广西	0.106	0.130	0.046	0.282	0.033	0.028	0.028	0.011	0.099	40.884
新疆	0.116	0.104	0.080	0.301	0.057	0.015	0.039	0.005	0.116	40.763
宁夏	0.077	0.115	0.038	0.229	0.020	0.020	0.004	0.001	0.044	40.735
贵州	0.122	0.111	0.048	0.281	0.045	0.037	0.003	0.004	0.089	40.395
海南	0.076	0.121	0.046	0.243	0.018	0.008	0.012	0.001	0.039	39.828
江西	0.127	0.154	0.036	0.316	0.034	0.029	0.022	0.007	0.092	38.791
西藏	0.137	0.089	0.053	0.279	0.015	0.013	0.001	0.000	0.029	37.498

附表 1-7　　　　　　　　2015 年中国地震抗灾能力指数

地区	PV	CV	EV	EVI	SP	EP	PP	HP	EPI	CERI
北京	0.013	0.059	0.009	0.080	0.079	0.098	0.047	0.049	0.273	59.651
广东	0.056	0.135	0.010	0.201	0.098	0.068	0.070	0.044	0.280	53.939
江苏	0.072	0.132	0.016	0.221	0.108	0.067	0.029	0.048	0.253	51.585
浙江	0.057	0.104	0.035	0.196	0.080	0.079	0.016	0.034	0.209	50.639
上海	0.048	0.081	0.054	0.183	0.050	0.097	0.008	0.021	0.175	49.580
山东	0.090	0.080	0.038	0.207	0.047	0.093	0.030	0.019	0.189	49.105
辽宁	0.052	0.088	0.044	0.183	0.058	0.047	0.023	0.034	0.162	48.932
内蒙古	0.081	0.134	0.020	0.235	0.076	0.047	0.039	0.050	0.213	48.917
福建	0.029	0.090	0.054	0.174	0.018	0.081	0.018	0.016	0.133	47.991
湖北	0.049	0.081	0.034	0.164	0.038	0.046	0.017	0.015	0.116	47.588
吉林	0.081	0.065	0.043	0.190	0.035	0.019	0.050	0.020	0.123	46.676
河北	0.098	0.113	0.050	0.262	0.066	0.074	0.022	0.027	0.189	46.397
陕西	0.068	0.072	0.045	0.185	0.036	0.031	0.027	0.015	0.109	46.175
山西	0.100	0.086	0.069	0.255	0.036	0.066	0.056	0.016	0.174	45.977
四川	0.103	0.072	0.054	0.229	0.040	0.057	0.040	0.011	0.147	45.891
黑龙江	0.081	0.089	0.040	0.210	0.030	0.060	0.020	0.016	0.126	45.793
重庆	0.098	0.093	0.021	0.212	0.037	0.026	0.036	0.026	0.125	45.662
天津	0.080	0.118	0.044	0.242	0.065	0.034	0.027	0.029	0.154	45.612
河南	0.078	0.081	0.045	0.204	0.034	0.039	0.020	0.018	0.112	45.377
安徽	0.092	0.086	0.030	0.208	0.049	0.044	0.005	0.014	0.113	45.254
云南	0.109	0.129	0.044	0.282	0.057	0.085	0.017	0.019	0.178	44.788
甘肃	0.077	0.071	0.039	0.187	0.020	0.028	0.008	0.004	0.059	43.634
青海	0.138	0.095	0.043	0.275	0.057	0.022	0.024	0.035	0.138	43.138
湖南	0.099	0.110	0.038	0.246	0.036	0.025	0.020	0.020	0.101	42.722
广西	0.123	0.085	0.058	0.265	0.046	0.054	0.008	0.010	0.118	42.614
新疆	0.099	0.073	0.095	0.266	0.058	0.018	0.031	0.011	0.118	42.574
宁夏	0.094	0.058	0.081	0.232	0.038	0.026	0.011	0.002	0.077	42.228
贵州	0.114	0.098	0.048	0.260	0.033	0.022	0.018	0.020	0.094	41.692
海南	0.084	0.078	0.051	0.213	0.021	0.014	0.003	0.005	0.043	41.536
江西	0.128	0.110	0.038	0.276	0.029	0.027	0.008	0.015	0.079	40.162
西藏	0.126	0.066	0.080	0.271	0.020	0.018	0.001	0.000	0.040	38.410

附表 1-8　　　　　　2016 年中国地震抗灾能力指数

地区	PV	CV	EV	EVI	SP	EP	PP	HP	EPI	CERI
北京	0.015	0.089	0.008	0.112	0.092	0.098	0.046	0.055	0.291	58.945
广东	0.074	0.151	0.022	0.248	0.116	0.069	0.042	0.060	0.287	51.981
江苏	0.076	0.137	0.015	0.228	0.102	0.064	0.052	0.046	0.264	51.763
浙江	0.044	0.097	0.052	0.193	0.052	0.098	0.017	0.022	0.189	49.798
上海	0.063	0.130	0.036	0.229	0.086	0.078	0.021	0.036	0.221	49.611
山东	0.091	0.152	0.019	0.262	0.079	0.045	0.052	0.056	0.232	48.527
辽宁	0.038	0.105	0.055	0.198	0.064	0.034	0.028	0.032	0.159	48.024
内蒙古	0.032	0.109	0.023	0.164	0.041	0.043	0.023	0.016	0.123	47.978
福建	0.061	0.094	0.048	0.203	0.039	0.017	0.055	0.022	0.133	46.509
湖北	0.050	0.097	0.045	0.192	0.042	0.031	0.033	0.016	0.122	46.508
吉林	0.085	0.102	0.041	0.228	0.055	0.034	0.036	0.020	0.146	45.917
河北	0.102	0.114	0.049	0.265	0.044	0.044	0.073	0.017	0.178	45.622
陕西	0.054	0.118	0.052	0.224	0.017	0.079	0.018	0.022	0.136	45.605
山西	0.087	0.146	0.045	0.279	0.078	0.043	0.030	0.031	0.182	45.154
四川	0.111	0.145	0.038	0.294	0.071	0.059	0.031	0.029	0.189	44.779
黑龙江	0.073	0.111	0.047	0.232	0.035	0.032	0.027	0.020	0.114	44.107
重庆	0.110	0.112	0.027	0.248	0.038	0.024	0.038	0.028	0.129	44.040
天津	0.097	0.111	0.035	0.243	0.025	0.056	0.022	0.018	0.121	43.903
河南	0.103	0.098	0.049	0.250	0.048	0.025	0.044	0.011	0.128	43.870
安徽	0.098	0.113	0.039	0.251	0.057	0.040	0.005	0.015	0.117	43.328
云南	0.112	0.100	0.076	0.288	0.072	0.017	0.042	0.012	0.143	42.766
甘肃	0.079	0.097	0.034	0.210	0.025	0.028	0.008	0.004	0.065	42.746
青海	0.146	0.116	0.041	0.304	0.065	0.023	0.033	0.035	0.155	42.586
湖南	0.123	0.154	0.041	0.318	0.064	0.045	0.028	0.020	0.157	41.931
广西	0.109	0.138	0.035	0.282	0.037	0.026	0.029	0.021	0.114	41.574
新疆	0.097	0.087	0.067	0.250	0.043	0.025	0.012	0.002	0.082	41.556
宁夏	0.141	0.112	0.039	0.291	0.056	0.026	0.006	0.010	0.099	40.375
贵州	0.127	0.128	0.052	0.307	0.037	0.020	0.034	0.020	0.111	40.241
海南	0.102	0.102	0.047	0.252	0.025	0.014	0.004	0.006	0.048	39.836
江西	0.147	0.132	0.034	0.313	0.031	0.026	0.012	0.015	0.084	38.569
西藏	0.133	0.080	0.070	0.282	0.022	0.021	0.002	0.000	0.045	38.125

附表 1-9　　　　　　　2017 年中国地震抗灾能力指数

地区	PV	CV	EV	EVI	SP	EP	PP	HP	EPI	CERI
北京	0.042	0.067	0.006	0.115	0.083	0.101	0.054	0.045	0.282	58.386
广东	0.051	0.147	0.010	0.208	0.093	0.068	0.058	0.046	0.265	52.823
江苏	0.091	0.150	0.024	0.266	0.109	0.070	0.048	0.060	0.287	51.036
浙江	0.062	0.121	0.036	0.219	0.076	0.103	0.021	0.033	0.233	50.687
上海	0.075	0.078	0.045	0.198	0.058	0.100	0.010	0.020	0.188	49.484
山东	0.107	0.156	0.023	0.287	0.075	0.046	0.055	0.053	0.229	47.123
辽宁	0.078	0.109	0.043	0.229	0.062	0.036	0.030	0.028	0.155	46.311
内蒙古	0.072	0.105	0.028	0.205	0.043	0.036	0.025	0.015	0.119	45.673
福建	0.087	0.117	0.034	0.238	0.022	0.059	0.024	0.018	0.123	44.227
湖北	0.093	0.126	0.055	0.273	0.072	0.040	0.033	0.028	0.172	44.962
吉林	0.080	0.097	0.049	0.227	0.037	0.031	0.034	0.015	0.118	44.556
河北	0.107	0.114	0.023	0.244	0.041	0.026	0.045	0.030	0.143	44.935
陕西	0.110	0.109	0.039	0.258	0.055	0.036	0.041	0.019	0.150	44.582
山西	0.068	0.113	0.042	0.223	0.034	0.034	0.029	0.020	0.116	44.680
四川	0.121	0.136	0.074	0.331	0.073	0.044	0.032	0.026	0.174	42.163
黑龙江	0.091	0.095	0.045	0.230	0.044	0.013	0.048	0.021	0.127	44.816
重庆	0.115	0.101	0.032	0.247	0.064	0.044	0.007	0.014	0.129	44.088
天津	0.047	0.120	0.044	0.210	0.014	0.078	0.020	0.021	0.133	46.130
河南	0.132	0.114	0.037	0.282	0.068	0.025	0.028	0.033	0.154	43.591
安徽	0.122	0.136	0.032	0.289	0.041	0.028	0.028	0.019	0.115	41.301
云南	0.087	0.103	0.060	0.250	0.054	0.034	0.080	0.015	0.184	46.714
甘肃	0.109	0.087	0.056	0.253	0.043	0.015	0.049	0.011	0.119	43.315
青海	0.086	0.066	0.057	0.209	0.046	0.024	0.013	0.002	0.086	43.853
湖南	0.123	0.152	0.042	0.317	0.066	0.037	0.021	0.019	0.142	41.256
广西	0.099	0.122	0.045	0.266	0.044	0.018	0.038	0.018	0.117	42.549
新疆	0.093	0.090	0.062	0.245	0.069	0.021	0.035	0.011	0.137	44.606
宁夏	0.083	0.097	0.033	0.213	0.028	0.029	0.010	0.004	0.071	42.911
贵州	0.106	0.102	0.041	0.249	0.061	0.023	0.004	0.010	0.098	42.416
海南	0.069	0.107	0.047	0.223	0.023	0.015	0.005	0.006	0.048	41.211
江西	0.117	0.127	0.031	0.275	0.037	0.028	0.010	0.016	0.091	40.822
西藏	0.109	0.062	0.073	0.244	0.022	0.019	0.003	0.000	0.044	39.966

附表 1-10   2018 年中国地震抗灾能力指数

地区	PV	CV	EV	EVI	SP	EP	PP	HP	EPI	CERI
北京	0.026	0.083	0.015	0.124	0.077	0.091	0.025	0.043	0.236	55.608
广东	0.057	0.143	0.010	0.210	0.088	0.060	0.037	0.059	0.244	51.719
江苏	0.058	0.057	0.053	0.168	0.051	0.090	0.023	0.016	0.180	50.603
浙江	0.080	0.155	0.028	0.263	0.100	0.060	0.036	0.038	0.234	48.526
上海	0.067	0.150	0.037	0.253	0.068	0.093	0.027	0.023	0.212	47.945
山东	0.114	0.166	0.025	0.304	0.069	0.035	0.054	0.043	0.200	44.806
辽宁	0.051	0.147	0.029	0.227	0.038	0.029	0.032	0.012	0.110	44.141
内蒙古	0.103	0.138	0.032	0.273	0.058	0.038	0.038	0.010	0.144	43.551
福建	0.120	0.161	0.065	0.347	0.069	0.042	0.047	0.022	0.179	41.618
湖北	0.040	0.122	0.055	0.217	0.012	0.051	0.008	0.008	0.079	43.128
吉林	0.113	0.149	0.026	0.289	0.044	0.020	0.034	0.024	0.122	41.654
河北	0.075	0.140	0.034	0.249	0.023	0.054	0.019	0.011	0.108	42.943
陕西	0.080	0.130	0.048	0.259	0.037	0.005	0.035	0.015	0.092	41.665
山西	0.064	0.131	0.059	0.254	0.036	0.018	0.026	0.010	0.090	41.792
四川	0.083	0.119	0.083	0.285	0.037	0.019	0.032	0.001	0.089	40.221
黑龙江	0.091	0.136	0.072	0.299	0.048	0.031	0.044	0.018	0.141	42.082
重庆	0.090	0.152	0.084	0.327	0.043	0.036	0.066	0.013	0.158	41.559
天津	0.083	0.158	0.045	0.286	0.062	0.038	0.035	0.024	0.159	43.648
河南	0.105	0.126	0.050	0.281	0.042	0.014	0.046	0.009	0.110	41.494
安徽	0.109	0.160	0.033	0.302	0.042	0.028	0.021	0.015	0.106	40.205
云南	0.063	0.136	0.046	0.245	0.049	0.029	0.044	0.018	0.140	44.740
甘肃	0.093	0.118	0.029	0.240	0.021	0.023	0.023	0.002	0.068	41.415
青海	0.135	0.152	0.035	0.322	0.063	0.022	0.037	0.030	0.152	41.529
湖南	0.080	0.136	0.050	0.266	0.024	0.015	0.007	0.005	0.051	39.250
广西	0.102	0.130	0.096	0.328	0.061	0.021	0.050	0.009	0.142	40.666
新疆	0.080	0.148	0.041	0.269	0.032	0.028	0.027	0.015	0.102	41.679
宁夏	0.119	0.142	0.039	0.300	0.052	0.022	0.031	0.008	0.114	40.671
贵州	0.117	0.177	0.043	0.337	0.061	0.033	0.036	0.018	0.148	40.539
海南	0.161	0.044	0.308	0.042	0.017	0.019	0.013	0.091	39.154	41.211
江西	0.115	0.179	0.030	0.323	0.035	0.026	0.012	0.010	0.083	37.983
西藏	0.124	0.107	0.099	0.330	0.020	0.018	0.008	0.000	0.046	35.796

二 2009—2018 年中国地震抗灾能力指数

附表 2-1　　　　　　2009—2018 年中国地震抗灾能力指数

年份	·PV	CV	EV	EVI	SP	EP	PP	HP	EPI	CERI
2009	0.113	0.075	0.071	0.259	0.017	0	0.024	0	0.042	39.144
2010	0.062	0.095	0.072	0.229	0.055	0.011	0.018	0.006	0.09	43.072
2011	0.042	0.109	0.067	0.218	0.047	0.033	0.051	0.013	0.144	46.312
2012	0.046	0.126	0.047	0.219	0.069	0.036	0.054	0.021	0.181	48.069
2013	0.046	0.134	0.044	0.224	0.082	0.048	0.054	0.033	0.217	49.646
2014	0.063	0.142	0.047	0.253	0.053	0.064	0.039	0.041	0.197	47.208
2015	0.074	0.158	0.029	0.262	0.115	0.083	0.041	0.048	0.286	51.205
2016	0.087	0.157	0.033	0.277	0.101	0.098	0.044	0.051	0.295	50.884
2017	0.098	0.159	0.014	0.272	0.119	0.106	0.062	0.059	0.347	53.758
2018	0.114	0.163	0.008	0.285	0.136	0.127	0.101	0.064	0.429	57.197

三 2009—2018 年中国各省份地震抗灾能力指数排名

附表 3-1　　　2009—2018 年中国各省份地震抗灾能力指数排名

地区	2009 年	2010 年	2011 年	2012 年	2013 年	2014 年	2015 年	2016 年	2017 年	2018 年
北京	1	2	1	1	1	1	1	1	1	1
广东	10	11	12	15	14	18	9	13	9	11
江苏	11	10	11	12	10	12	17	17	12	17
浙江	14	16	14	13	16	14	19	16	14	15
上海	8	8	8	8	8	8	10	8	10	8
山东	7	6	5	5	6	7	7	7	8	7
辽宁	13	9	9	11	15	11	13	10	17	14
内蒙古	12	12	10	10	12	16	11	9	13	16
福建	5	3	3	4	7	5	5	4	5	3
湖北	3	4	4	3	3	3	2	3	3	4
吉林	4	5	6	6	5	4	4	5	4	5
河北	21	22	22	21	22	20	24	25	27	27
陕西	15	14	15	16	13	9	16	18	18	12

续表

地区	2009 年	2010 年	2011 年	2012 年	2013 年	2014 年	2015 年	2016 年	2017 年	2018 年
山西	23	23	26	29	29	30	30	30	30	30
四川	6	7	7	7	4	6	8	6	6	6
黑龙江	16	17	18	20	20	19	23	23	21	20
重庆	17	15	16	14	18	10	18	14	11	9
天津	20	25	29	28	26	24	21	24	28	25
河南	2	1	2	2	2	2	2	3	2	2
安徽	25	26	23	26	24	25	28	28	24	29
云南	28	28	28	22	28	29	29	29	29	28
甘肃	22	24	19	19	17	17	20	20	19	10
青海	9	13	13	9	9	15	12	15	26	18
湖南	30	30	31	30	30	28	25	27	25	23
广西	18	19	21	18	11	21	14	12	7	19
新疆	31	31	30	31	31	31	31	31	31	31
宁夏	19	18	17	17	19	13	6	11	16	13
贵州	26	27	24	24	23	22	15	19	22	21
海南	29	29	27	27	25	23	27	26	20	26
江西	24	21	20	23	21	27	22	22	23	22
西藏	27	20	25	25	27	26	26	21	15	24

四 2000—2019 年中国各省份地震发生频次（Ms≥5）

附表 4-1　　　　　2000—2010 年中国各省份地震发生频次

地区	2000 年	2001 年	2002 年	2003 年	2004 年	2005 年	2006 年	2007 年	2008 年	2009 年
北京	0	0	0	0	0	0	0	0	0	0
广东	0	0	0	0	0	0	0	0	0	0
江苏	0	0	0	0	0	0	1	0	0	0
浙江	0	0	0	0	0	0	0	0	0	0
上海	0	0	0	1	1	0	0	0	1	0
山东	1	0	0	0	0	0	0	0	1	0
辽宁	0	0	0	0	1	0	1	0	1	0

续表

地区	2000 年	2001 年	2002 年	2003 年	2004 年	2005 年	2006 年	2007 年	2008 年	2009 年
内蒙古	0	0	2	0	0	1	0	0	0	0
福建	0	0	0	0	0	0	0	0	0	0
湖北	0	0	0	0	0	0	0	0	0	0
吉林	0	0	0	0	0	0	0	0	0	0
河北	0	0	0	0	0	0	0	0	0	0
陕西	0	0	0	0	0	0	0	0	0	0
山西	0	0	0	0	0	1	0	0	0	0
四川	0	0	0	0	0	0	0	0	0	0
黑龙江	0	0	0	0	0	0	0	0	0	0
重庆	0	0	0	0	0	0	0	0	0	0
天津	0	0	0	0	0	1	0	0	0	0
河南	0	0	0	0	0	0	0	0	0	0
安徽	0	0	0	0	0	0	0	0	0	0
云南	0	0	0	0	0	0	0	0	0	0
甘肃	0	0	0	0	0	0	0	0	0	0
青海	0	3	0	0	0	0	0	0	45	3
湖南	0	0	0	0	0	0	0	0	0	0
广西	4	8	0	3	3	2	3	2	4	3
新疆	8	2	1	6	12	4	1	2	18	2
宁夏	0	0	0	0	0	0	0	0	2	1
贵州	1	1	1	3	1	0	1	0	2	0
海南	13	9	3	2	6	0	5	2	10	9
江西	0	0	0	0	0	0	0	0	0	0
西藏	3	2	1	15	0	5	2	1	17	6

资料来源：中国地震台网中心国家地震科学数据中心，http：//data. earthquake. cn。

附表 4-2　　　2010—2019 年中国各省份地震发生频次

地区	2010 年	2011 年	2012 年	2013 年	2014 年	2015 年	2016 年	2017 年	2018 年	2019 年
北京	0	0	0	0	0	0	0	0	0	0
广东	0	0	0	0	0	0	0	0	0	0

续表

地区	2010 年	2011 年	2012 年	2013 年	2014 年	2015 年	2016 年	2017 年	2018 年	2019 年
江苏	0	0	0	0	0	0	0	0	0	0
浙江	0	0	0	0	0	0	0	0	0	0
上海	0	0	0	2	0	1	0	1	0	0
山东	0	0	0	1	0	0	0	0	0	0
辽宁	1	2	0	6	0	0	0	0	1	1
内蒙古	0	0	0	0	0	0	1	0	0	0
福建	0	0	0	0	0	0	0	0	0	0
湖北	0	0	0	0	0	0	0	0	0	0
吉林	0	0	0	0	0	0	0	0	0	0
河北	0	0	0	0	0	0	0	0	0	0
陕西	0	0	0	0	0	0	0	0	0	0
山西	0	0	0	0	0	0	0	0	0	0
四川	0	0	0	0	0	0	0	0	0	0
黑龙江	0	0	0	0	0	0	0	0	0	0
重庆	0	0	0	1	0	0	0	0	0	0
天津	0	0	0	0	0	0	0	0	0	0
河南	0	0	0	0	0	0	0	0	0	0
安徽	0	0	0	0	0	0	1	0	0	3
云南	0	0	0	0	0	0	0	0	0	0
甘肃	0	0	0	0	0	0	0	1	0	0
青海	3	2	0	6	3	1	1	3	2	7
湖南	0	0	0	0	0	1	0	0	0	0
广西	1	3	3	5	9	2	1	1	3	0
新疆	7	1	1	6	3	3	5	4	3	3
宁夏	0	0	0	0	0	0	0	0	2	0
贵州	0	0	1	2	0	0	0	0	0	2
海南	4	1	0	4	1	2	2	0	2	1
江西	0	0	0	0	0	0	0	0	0	0
西藏	2	8	11	5	7	4	7	4	4	3

资料来源：中国地震台网中心国家地震科学数据中心，http://data.earthquake.cn。

参考文献

一　中文文献

曹新来、许向科、孙佩卿等：《强地震前重现的地下水异常及其预报意义》，《地震》2007 年第 3 期。

陈德胜：《商业银行全面风险管理》，清华大学出版社 2009 年版。

陈晓利、祁生文、叶洪：《基于 GIS 的地震滑坡危险性的模糊综合评价研究》，《北京大学学报网络版（预印本）》（自然科学版）2007 年第 2 期。

陈运泰：《地震预报研究概况》，《地震学刊》1993 年第 1 期。

陈运泰：《地震预测：回顾与展望》，《中国科学（D 辑：地球科学）》2009 年第 12 期。

陈章立：《我国地震科技进步的回顾与展望（一）》，《中国地震》2001 年第 3 期。

仇勇海：《地震的成因与解释》，中南大学出版社 2012 年版。

戴胜利、李迎春：《东日本 9 级大地震次生灾害的传导机理及管理优化研究》，《灾害学》2017 年第 4 期。

邓国取、李丽、邓楚实：《基于 ND-GAIN 的河南省抗灾能力评价研究》，《安全与环境工程》2020 年第 3 期。

邓国取、位秋亚、闫文收：《农业巨灾风险分散的国际经验及启示》，《西北农林科技大学学报》（社会科学版）2017 年第 4 期。

丁少群、王信：《政策性农业保险经营技术障碍与巨灾风险分散机制研究》，《保险研究》2011 年第 6 期。

都吉夔、袁志祥、侯建盛：《地震灾后重建对当地经济发展影响研究初探》，《中国应急救援》2010 年第 4 期。

杜辉：《农村人口转移是否改变中国农业产出》，《江西社会科学》2017 年第 9 期。

樊芷吟、苟晓峰、秦明月等：《基于信息量模型与 Logistic 回归模型耦合的地质灾害易发性评价》，《工程地质学报》2018 年第 2 期。

费璇、温家洪、杜士强等：《自然灾害恢复力研究进展》，《自然灾害学报》2014 年第 6 期。

高霖、郭恩栋、王祥建等：《供水系统水池震害分析》，《自然灾害学报》2012 年第 5 期。

高文学：《中国地震年鉴（1949—1981）》，地震出版社 1990 年版。

葛怡、史培军、徐伟等：《恢复力研究的新进展与评述》，《灾害学》2010 年第 3 期。

耿志祥、孙祁祥：《金融危机和自然灾害对保险股票市场的影响与溢出效应检验》，《金融研究》2016 年第 5 期。

龚强、李永强、白仙富：《我国地震应急救援对策存在问题及建议初探》，《中国应急救援》2017 年第 1 期。

谷洪波、李澄铭：《地震对区域农业经济的影响研究——基于中国西部地区地级市面板数据的实证分析》，《云南农业大学学报》（社会科学版）2019 年第 1 期。

郭光玲、郭瑞、付江涛：《汉中地区农村房屋抗震性能调查分析研究》，《世界地震工程》2020 年第 3 期。

郭海湘、李亚楠、黎金玲等：《基于灾害多级联动模型的城市综合承灾能力研究》，《系统管理学报》2014 年第 1 期。

郭红梅、陈维锋、申源等：《城镇地震防灾与应急处置一体化服务系统研究》，《震灾防御技术》2017 年第 4 期。

郭宁：《南北地震带具有区域特殊性的典型房屋建筑抗震性能分析》，硕士学位论文，中国地震局工程力学研究所，2012 年。

郭长宝、张永双、周能娟等：《地震地质灾害防治工程运行效果评价：以汶川震区平武县魏坝滑坡为例》，《现代地质》2014 年第 2 期。

国家地震局成都地震大队：《中国南北地震带时空迁移特征》，《地震战线》1972 年第 2 期。

韩佳东、杨建思、刘莎等：《2017 米林 M6.9 地震序列监测及南迦巴瓦地震活动性研究》，《地球物理学报》2019 年第 6 期。

贾群林、陈莉：《中国地震应急救援事业的发展与展望》，《城市与减灾》2021 年第 4 期。

简龙骥、宋菲菲、黄元松：《西北农居震害构成及抗震性能综合影响因素分析》，《地震工程学报》2020 年第 5 期。

李澄铭：《地震灾害对我国西部地区农业经济的影响研究》，硕士学位论文，湖南科技大学，2019 年。

李德峰：《论我国巨灾保险体系的建立》，《河北科技师范学院学报》（社会科学版）2008 年第 3 期。

李鹤、张平宇、程叶青：《脆弱性的概念及其评价方法》，《地理科学进展》2008 年第 2 期。

李宏：《中国自然灾害与长期经济增长——基于 VAR 与 VEC 模型的协整分析》，《北京理工大学学报》（社会科学版）2018 年第 5 期。

李俊杰、李建平、牛云霞等：《农业综合开发投资增长的经济效果评价——基于各省面板数据模型的实证分析》，《农业技术经济》2016 年第 11 期。

李琳、王俊杰：《四川省城市地震灾害脆弱性综合评价研究》，《震灾防御技术》2018 年第 4 期。

李香颜、张金平、陈敏：《基于 GIS 的河南省冬小麦干热风风险评估及区划》，《自然灾害学报》2017 年第 3 期。

李勇建、王循庆、乔晓娇：《基于随机 Petri 网的震后次生灾害演化模型研究》，《运筹与管理》2014 年第 4 期。

李云飞、许才顺、池招招等：《基于多灾害耦合叠加模型的区域地震风险评估》，《安全与环境学报》2021 年。

林鸿潮、张璇：《推进综合减灾立法提高灾害应急能力》，《紫光阁》2018 年第 3 期。

刘朝峰、苏经宇、王威等：《区域地震灾害承载力评价的突变模型》，《中国安全科学学报》2011 年第 11 期。

刘婧、史培军、葛怡等：《灾害恢复力研究进展综述》，《地球科学进展》2006 年第 2 期。

刘君、安张辉、范莹莹等：《芦山 MS7.0 与岷县漳县 MS6.6 地震前电磁扰动异常变化》，《地震》2015 年第 4 期。

刘培玄、李小军、赵纪生：《基于断裂两侧应变能积累的地震危险性参数估计——以 1679 年三河—平谷 M8.0 地震为例》，《地震学报》2019 年第 2 期。

刘毅、柴化敏：《建立我国巨灾保险体制的思考》，《上海保险》2007 年第 5 期。

卢国平、黄雷辉、陈幸莲等：《广西北流——广东化州 MS 5.2 级地震前后阳江新洲深部地热关联地下水异常研究》，《华南地震》2020 年第 2 期。

卢晶亮、冯帅章、艾春荣：《自然灾害及政府救助对农户收入与消费的影响：来自汶川大地震的经验》，《经济学》（季刊）2014 年第 2 期。

路甬祥：《地球科学的革命——纪念大陆漂移学说发表 100 周年》，《科学与社会》2012 第 3 期。

路甬祥：《魏格纳等给我们的启示——纪念大陆漂移学说发表一百周年》，《科学中国人》2012 年第 17 期。

马宗晋、杜品仁、高祥林等：《东亚与全球地震分布分析》，《地学前缘》2010 年第 5 期。

马宗晋、郑大林：《中蒙大陆中轴构造带及其地震活动》，《地震研究》1981 年第 4 期。

马祖军、谢自莉：《基于贝叶斯网络的城市地震次生灾害演化机理分析》，《灾害学》2012 年第 4 期。

孟永昌、王铸、吴吉东等：《巨灾影响的全球性：以东日本大地震的经济影响为例》，《自然灾害学报》2015 年第 6 期。

庙成、丁明涛：《震区社会易损性对比分析：以芦山与鲁甸地震为例》，《中国安全科学学报》2017 年第 4 期。

潘绍焕：《板块构造学说与地震》，《邮电设计技术》2004 年第 3 期。

商彦蕊：《自然灾害综合研究的新进展——脆弱性研究》，《地域研究与开发》2000 年第 2 期。

邵同宾、嵇少丞：《俯冲带地震诱发机制：研究进展综述》，《地质论评》2015 年第 2 期。

石勇、许世远、石纯等：《自然灾害脆弱性研究进展》，《自然灾害学报》2011 年第 2 期。

舒士畅、弓福、刘洁：《基于合理定义并提高"抗灾力"的措施分析》，《山西建筑》2018 年第 17 期。

苏桂武、高庆华：《自然灾害风险的分析要素》，《地学前缘》2003 年第 S1 期。

苏桂武、朱林、马宗晋等：《京津唐地区地震灾害区域宏观脆弱性变化的初步研究——空间变化》，《地震地质》2007 年第 1 期。

孙小军、林圣、张强等：《一种牵引供电系统地震灾害风险评估方法》，《电工技术学报》2021 年第 23 期。

谭中明、冯学峰：《健全我国农业巨灾风险保险分散机制的探讨》，《金融与经济》2011 年第 3 期。

汤青：《可持续生计的研究现状及未来重点趋向》，《地球科学进展》2015 年第 7 期。

唐波、刘希林、李元：《珠江三角洲城市群灾害易损性时空格局差异分析》，《经济地理》2013 年第 1 期。

佟秋璇：《城市地质灾害应急管理能力评价模型应用》，硕士学位论文，哈尔滨工业大学，2013 年。

庹国柱：《中国政策性农业保险的发展导向——学习中央"一号文件"关于农业保险的指导意见》，《中国农村经济》2013 第 7 期。

万永革：《地震学导论》，科学出版社 2016 年版。

王德炎：《改革开放四十年来我国防震减灾事业建设研究》，《绵阳师范学院学报》2018 年第 9 期。

王宏伟：《防震减灾与抗震减灾制度融合从历史转折的窗口眺望

新作为空间》,《中国安全生产》2019 年第 5 期。

王静:《城市承灾体地震风险评估及损失研究》,硕士学位论文,大连理工大学,2014 年。

王静爱、施之海、刘珍等:《中国自然灾害灾后响应能力评价与地域差异》,《自然灾害学报》2006 年第 6 期。

王兰民、王强:《西北地区农村民房现状及抗震技术研究》,《华南地震》2011 年第 4 期。

王鹏、高昕:《防震减灾技术系统的建设与发展研究》,《科技风》2018 年第 29 期。

王萍:《对我国防震减灾法律体系的分析思考》,《四川地震》2020 年第 1 期。

王暾、林鸿潮:《多地震预警网的必要性、可行性及应用方案》,《中国应急管理科学》2020 年第 2 期。

王唯俊、韩昭、王磊等:《林州地光异常在地震前兆分析中的应用》,《西北地震学报》2010 年第 2 期。

王文革:《灾害防治法》,法律出版社 2018 年版。

王霄艳:《我国防震减灾立法的不足与完善——从规范行政权的角度》,《法学杂志》2009 年第 8 期。

王艳、张海波:《灾害抗逆力:定义、维度和测量》,《风险灾害危机研究》2017 年第 1 期。

王英、李巧萍、韩杰:《防震减灾 40 年砥砺奋进创辉煌》,《防灾博览》2019 年第 1 期。

王振声、王周元、顾仅萍等:《中国南北地震带的范围及其活动特征初步探讨》,《地球物理学报》1976 年第 2 期。

魏柏林、冯绚敏、陈定国等:《东南沿海地震活动特征》,地震出版社 2001 年版。

魏本勇、苏桂武:《基于投入产出分析的汶川地震灾害间接经济损失评估》,《地震地质》2016 年第 4 期。

吴凤鸣:《大地构造学发展简史——史料汇编》,石油工业出版社 2011 年版。

吴文菁、陈佳颖、叶润宇等：《台风灾害下海岸带城市社会—生态系统脆弱性评估——大数据视角》，《生态学报》2019年第19期。

谢晓非、徐联仓：《风险认知研究概况及理论框架》，《心理学动态》1995年第2期。

谢自莉、马祖军：《城市地震次生灾害演化机理分析及仿真研究》，《自然灾害学报》2012年第3期。

谢自莉：《城市地震次生灾害连锁演化机理及协同应急管理机制研究》，硕士学位论文，西南交通大学，2011年。

徐广才、康慕谊、贺丽娜等：《生态脆弱性及其研究进展》，《生态学报》2009年第5期。

徐选华、张威威：《基于改进突变级数法的地震灾害社会脆弱性风险评价研究——基于四川地震灾害案例》，《灾害学》2016年第3期。

闫绪娴、董焱、苗敬毅：《用改进的投影寻踪模型评价城市灾害应急管理能力》，《科技管理研究》2014年第8期。

杨静雯、王俊杰：《改进TOPSIS模型在城市地震脆弱性评估中的应用》，《世界地震工程》2019年第1期。

杨鹏：《喜马拉雅地震带温度场时空特征研究》，硕士学位论文，江西理工大学，2020年。

姚海亮：《浅源地震特征分析与矿山地震相关性研究》，硕士学位论文，辽宁工程技术大学，2009年。

姚庆海、毛路：《创建新型综合风险保障体系》，《中国金融》2011年第9期。

叶秀薇、杨马陵、黄元敏：《东南沿海地震带20世纪第Ⅳ活跃幕的两个特征》，《地震研究》2013年第1期。

尹晓菲、张国民、邵志刚等：《华北地区强震活动特点研究》，《地震》2020第1期。

余世舟、赵振东、钟江荣：《基于GIS的地震次生灾害数值模拟》，《自然灾害学报》2003第4期。

袁红金、夏雅琴：《台湾次声波异常信号与环太平洋地震的关系》，中国地球物理学会第二十七届年会，2011 年。

张蓓蕾、彭骁、周浩波：《宁波市地震灾害风险初步评估》，《地震科学进展》2020 年第 4 期。

张广萍：《我国防震减灾法治发展综述》，《法制与社会》2020 年第 26 期。

张浩、李向阳、刘昭阁：《案例——数据集成驱动的 CI 抗灾能力评估指标选择》，《中国安全生产科学技术》2018 年第 4 期。

张具琴：《基于分形分维的环太平洋地震时空分布特性研究》，硕士学位论文，成都理工大学，2016 年。

张涛：《政策干预和中国农业的增长：1988—2013 年》，《南开经济研究》2018 年第 5 期。

张维佳、姜立新、李晓杰等：《汶川地震人员死亡率及经济易损性探讨》，《自然灾害学报》2013 年第 2 期。

张文彬、李国平、彭思奇：《汶川震后重建政策与经济增长的实证研究》，《软科学》2015 年第 1 期。

张永春、林夏菲：《华东地震应急救援军（警）地力量协同问题思考》，《中国应急救援》2018 年第 6 期。

赵小艳、苏有锦、付虹等：《欧亚地震带现代构造应力场及其分区特征》，《地震研究》2007 年第 2 期。

中国科学院地质研究所：《中国地震地质概论》，科学出版社 1972 年版。

周丹、王建飞：《地震灾害对汶川地区经济韧性的影响研究》，《天津商业大学学报》2018 年第 6 期。

周琳：《我国防震减灾科普工作现状分析及对策研究》，《科技创新与应用》2018 年第 28 期。

朱淑珍：《中国外汇储备的投资组合风险与收益分析》，《上海金融》2002 年第 7 期。

二　外文文献

Adger W. N. , "Social and Ecological Resilience：Are They Related?", *Progress in Human Geography*, Vol. 24, No. 3, Jun 2000.

Allen R. M., Melgar D., "Earthquake Early Warning: Advances, Scientific Challenges, and Societal Needs". *Annual Review of Earth and Planetary Sciences*, January 2019.

Allen, R. M., Gasparini, P., Kamigaichi, O., et al., "The Status of Earthquake Early Warning Around the World: An Introductory Overview", *Seismological Research Letters*, Vol. 80, No. 5, October 2009.

Antwi-Agyei P., Fraser E., Dougill A. J., et al., "Mapping the Vulnerability of Crop Production to Drought in Ghana Using Rainfall, Yield and Socioeconomic Ddata", *Applied Geography*, Vol. 32, No. 2, 2012.

Araya-Muñoz D., Metzger M. J., Stuart N., et al., "Assessing Urban Adaptive Capacity to Climate Change", *Environ. Manage*, Vol. 183, 2016.

Asim K. M., Idris A., Iqbal T., et al., "Seismic Indicators Based Earthquake Predictor System Using Genetic Programming and AdaBoost Classification", *Soil Dynamics and Earthquake Engineering*, Vol. 111, August 2018.

Benedetti D., Benzoni G., Parisi M. A., "Seismic Vulnerability and Risk Evaluation for Old Urban Nuclei", *Earthquake Engineering and Structural Dynamics*, Vol. 16, No. 2, 1988.

Bernauer T., Betzold C., "Civil Society in Global Environmental Governance", *Social Science Electronic Publishing*, Vol. 21, No. 1, March 2012.

Betzold C., Weiler F., "Allocation of Aid for Adaptation to Climate Change: Do Vulnerable Countries Receive More Support?" *Environ. Agreements*, No. 17, 2017.

Bhargava N., Katiyar V. K., Sharma M. L., et al., "Earthquake Prediction Through Animal Behavior: A Review", *Indian JBiomech*, 2009.

Bondonio D., Greenbaum R. T. "Natural Disasters and Relief Assistance: Empirical Evidence on the Resilience of U. S. Counties Using Dynamic Propensity Score Matching", *Journal of Regional Science*, Vol. 2,

No. 58, 2018.

Bruneau M., Chang S. E., Eguchi R. T., et al. "A Framework to Quantitatively Assess and Enhance the Seismic Resilience of Communities", *Earthquake Spectra*, Vol. 19, No. 4, 2003.

Carola B., Florian W., "Allocation of Aid for Adaptation to Alimate Change: Do Vulnerable Countries Receive More Support?" *Int. Environ Agreements*, No. 17, 2017.

Carpenter S., Walker B., Anderies J. M., et al., "From Metaphor to Measurement: Resilience of What to What?" *Ecosystems*, Vol. 4, No. 8, 2001.

Chander R., "Wegener and His Theory of Continental Drift", *Resonance*, Vol. 0, No. 7, December 2005.

Chang S. E., Shinozuka M., "Measuring Improvements in the Disaster Resilience of Communities", *Earthquake Spectra*, Vol. 20, No. 3, August 2004.

Coble K. H., Knight T. O., Pope R. D., et al., "Modeling Farm—Level Crop Insurance Demand with Panel Data", *American Journal of Agricultural Economics*, Vol. 78, No. 2, May 1996.

Crane F. G., *Insurance Principles and Practices*, New York: Willey, 1984.

Cremen G., Galasso C., "Earthquake Early Warning: Recent Advances and Perspectives", *Earth-Science Review*, April 2020.

Cuaresma J. C., Hlouskova J., Obersteiner M., "Natural Disasters as Creative Destruction? Evidence from Developing Countries", *Economic Inquiry*, Vol. 2, No. 46, 2008.

Cutter S. L., "The Landscape of Disaster Resilience Indicators in the USA", *Nature Hazards*, Vol. 80, No. 2, 2016.

Deseta N., Andersen T. B., Ashwal L. D., "A Weakening Mechanism for Intermediate-Depth Seismicity? Detailed Petrographic and Microtextural Observations From Blueschist Facies Pseudotachlytes, Cape Corse,

Corsica", *Tectonophysics*, Vol. 610, 2014.

Ferrand T. P., Hilairet N., Incel S., et al., "Dehydration-Driven Stress Transfer Triggers Intermediate-Depth Earthquakes", *Nature Communications*, Vol. 8, May 2017.

Frankel H., *Hess's Development of his Seafloor Spreading Hypothesis*, Springer Netherlands, 1980.

Fujinawa Y., Noda Y., "Japan's Earthquake Early Warning System on 11 March 2011: Performance, Shortcomings, and Changes", *Earthquake Spectra*, Vol. 29, No. S1, March 2013.

Goodwin B. K., Mahul O., "Risk Modeling Concepts Relating to the Design and Rating of Agricultural Insurance Contracts", *Social Science Electronic Publishing*, 2004.

Gulum P., Ayyildiz E., Gumus A. T., "A Two Level Interval Valued Neutrosophic AHP Integrated TOPSIS Methodology for Post-earthquake Fire Risk Assessment: An Application for Istanbul", Vol. 61, 2021.

Haddad E. A., Teixeira E., "Economic Impacts of Natural Disasters in Megacities: The case of Floods in São Paulo, Brazil", *Habitat International*, Vol. 45, July 2014.

Hallegatte S., Dumas P., "Can Natural Disasters Have Positive Consequences? Investigating the Role of Embodied Technical Change", *Ecological Economics*, Vol. 3, No. 68. July 2008.

Hao G., Guo J., Zhang W., et al., "High-Precision Chaotic Radial Basis Function Neural Network Model: Data Forecasting for the Earth Electromagnetic Signal Before a Strong Earthquake", *Geoscience Frontiers*, Vol. 13, No. 1, January 2022.

Hassanzadeh R., "Earthquake Population Loss Estimation Using Spatial Modelling and Surveydata: The Bam Earthquake, 2003, Iran", *Soil Dynamics and Earthquake Engineering*, Vol. 116, January 2019.

Hendrix C. S., Salehyan I., "Climate Change, Rainfall, and Social Conflict in Africa", *Journal of Peace Research*, Vol. 1, No. 49, January

2012.

Holling C. S. , "Resilience and Stability of Ecological Systems", *Annual Review of Ecology and Systematics*, Vol. 4, 1973.

Huang D. , Wang G. , Du C. , et al. , "An Integrated SEM–Newmark Model for Physics Based Regional Coseismic Landslide Assessment", *Soil Dynamics and Earthquake Engineering*, Vol. 132, May 2020.

Huang P. , Pan H. , Peng L. , et al. , "Temporal and Spatial Variation Characteristics of Disaster Resilience in Southwest China's Mountainous Regions Against the Background of Urbanization", *Natural Hazards*, Vol. 103, No. 7, 2020.

Joseph S. M. , Measuring the Measure: A Multi–Dimensional Scale Model to Measure Community Disaster Resilience in the U. S. Gulf Coast Region, Texas A and M University, 2009.

Kamigaichi, O. , Saito, M. , Doi, K. , "Earthquake Early Warning in Japan: Warning the General Public and Future Prospects", *Seismological Research Letters*, Vol. 80, No. 5, October 2009.

Kankanamge N. , Yigitcanlar T. , Goonetilleke A. , "How Engaging are Disaster Management Related Social Media Channels? the Case of Australian State Emergency Organizations", *International Journal of Disaster Risk Reduction*, Vol. 28, 2020.

Kim H. , Park J. , Yoo J. , et al. , "Assessment of Drought Hazard, Vulnerability and Risk: A Case Study Administrative Districts in South Korea", *Journal of Hydro-environment Research*, Vol. 9, No. 1, 2015.

King C. Y. , Azuma S. , Igarashi G. , et al. , "Earthquake-Related Water-Level Changes at 16 Closely Clustered Wells in Tono, Central Japan", *Journal of Geophysical Research: Solid Earth*, Vol. 104, No. B6, June 1999.

King C. Y. , Azuma S. , Ohno M. , et al. , "In Search of Earthquake Precursors in the Water-Level Data of 16 Closely Clustered Wells at Tono, Japan", *Geophysical Journal International*, Vol. 143, No. 2, February

2000.

Klomp J. , "Economic Development and Natural Disasters: A Satellite Data Analysis", *Global Environmental Change*, Vol. 36, 2016.

Kopytenko Y. A. , Matiashvili T. G. , Voronov P. M. , et al. , "Detection of Ultra Low-Frequency Emissions Connected with the Spitak Earthquake and Its After Shock Activity, Based on Geomagnetic Pulsations Data at Dusheti and Vardzia Observatories", *Physics of Earth and Planetary Interiors*, Vol. 77, No. 12, 1993.

Liu, R. F. , Gao J. C. , Chen Y. T. , et al. "Construction and Development of China Digital Seismological Observation Network", *Acta Seismologica Sinica*, Vol. 5, No. 21, 2008.

Lorenzo H. , Paolo Z. , Angelo Z. M. , et al. , "Seismic Damage Survey and Empirical Fragility Curves for Churches After the August 24, 2016 Central Italy Earthquake", *Soil Dynamics and Earthquake Engineering*, Vol. 111, August 2018.

Manyena S. B. , Zhang Y. , Liu H. "The Concept of Resilience Revisited", *Disasters*, Vol. 30, No. 4, 2015.

Martinez F. , Hey R. , "Mantle Melting, Lithospheric Strength and Transform Fault Stability: Insights from the North Atlantic", *Earth and Planetary Science Letters*, Vol. 579, No. 1, February 2022.

Marzi S. , Mysiak J. , Santato S. , "Comparing Adaptive Capacity Index Across Scales: The Case of Italy", *Journal of Environmental Management*, Vol. 223, 2018.

Mayer B. , "A review of the Literature on Community Resilience and Disaster Recovery", *Current Environmental Health Reports*, Vol. 6, No. 7, 2019.

Naeem Z. , Begum S. , "Impact of Seasonal Variations on Soil Electrical Conductivity as An Earthquake Precursor Along the Margalla Fault Line, Islamabad", *Soil Dynamics and Earthquake Engineering*, Vol. 137, October 2020.

Parker D. J. , "Disaster Resilience–A Challenged Science", *Environmental Hazards*, Vol. 19, No. 1, 2020.

Patel R. B. , Gleason K. M. , "The Association Between Social Cohesion and Community Resilience in Two Urban Slums of Port Au Prince, Haiti", *Disaster Risk Reduct*, Vol. 27, 2018.

Peng, H. , Wu, Z. , Wu, Y. M. , et al. , "Developing a Prototype Earthquake Early Warning System in The Beijing Capital Region", *Seismological Research Letters* Vol. 82, No. 3, June 2011.

Perrings C. , Stern D. I. , "Modeling Loss of Resilience in Agroecosystems: Rangelands in Botswana", *Environmental and Resource Economics*, No. 16, 2000.

Qu Y. , Zhang J. , Eisentrger S. , et al. , "A Time–Domain Approach for the Simulation of Three Dimensional Seismic Wave Propagation Using the Scaled Boundary Finite Element Method", *Soil Dynamics and Earthquake Engineering*, Vol. 152, January 2022.

Rafiei M. H. , Adeli H. , "NEEWS: A novel Earthquake Early Warning Model Using Neural Dynamic Classification and Neural Dynamic Optimization", *Soil Dynamics and Earthquake Engineering*, Vol. 100, September 2017.

Rasmussen T. N. , "Macroeconomic Implications of Natural Disasters in the Caribbean", *IMF Working Papers*, Vol. 4, No. 224, 2004.

Regan P. M. , Kim H. , Maiden E. , "Climate Change, Adaptation, and Agricultural Output", *Regional Environmental Change*, No. 19, 2019.

Richter C. F. , "An Instrumental Earthquake Magnitude Scale" . *Bulletin of the Seismologilal Society of.* , Vol. 25, 1935.

Roder G. , Sofia G. , Wu Z. , et al. , "Assessment of Social Vulnerability to Floods in the Floodplain of Northern Italy", *Weather Climate and Society*, Vol. 9, 2017.

Rosenbloom J. S. , *A Case Study in Risk Management*, Prentice Hall, 1972.

Ryabinin G. V. , Gavrilov V. A. , Polyakov Y. S. , et al. , "Cross-Correlation Earthquake Precursors in the Hydrogeochemical and Geoacoustic Signals for the Kamchatka Peninsula", *ActaGeophysica*, Vol. 60, No. 3, June 2012.

Ryabinin G. V. , Polyakov Y. S. , Gavrilov V. A. , et al. , "Identification of Earthquake Precursorsin the Hydrogeochemical and Geoacoustic Data for the Kamchatka Peninsula by Flicker-Noise Spectroscopy", *Natural Hazards and Earth System Sciences*, Vol. 11, No. 2, February 2011.

Schaal R. B. , "Anevaluation of the Animal Behavior Theory for Earthquake Prediction", *California Geology*, Vol. 41, No. 2, 1988.

Senol H. K. , Fatemeh G. , Aliihsan S. , "Investigation of Possible MODIS AOD Anomalies as Earthquake Precursors for Global Earthquakes", *Advances in Space Research*, Vol. 68, No. 9, November 2021.

Senthilkumar M. , Gnanasundar D. , Mohapatra B. , et al. "Earthquake Prediction From High Frequency Groundwater Level Data: A Case Study from Gujarat, India", *HydroResearch*, Vol. 3, 2020.

Serebryakova O. N. , Bilichenko S. V. , Chmyrev V. M. , et al. , "Electromagnetic ELF Radiation from Earthquake Regions as Observed by Low-Altitude Satellites", *Geophysical Research Letters*, Vol. 19, No. 2, January 1992.

Sharma G. , Saikia P. , Walia D. , et al. , "TEC Anomalies Assessment for Earth-quakes Precursors in North-Eastern India and Adjoining Region Using GPS Data Acquired During 2012-2018", *Quaternary International*, Vol. 575-576, No. 20, February 2021.

Sichugova L. , FazilovaD. , "The Lineaments as One of the Precursors of Earthquakes: A Case Study of Tashkent Geodynamical Polygon in Uzbekistan", *Geodesy and Geodynamics*, Vol. 12, No. 6, November 2021.

Strauss J. A. , Allen R. M. , "Benefits and Costs of Earthquake Early Warning", Seismological Research Letters, Vol. 87, No. 3, June 2016.

Tall A. , Patt A. G. , Fritz S. , "Reducing Vulnerability to Hydro-meteorological Extremes in Africa. A Qualitative Assessment of National Climate Disaster Management Policies: Accounting for Heterogeneity", *Weather and Climate Extremes*, Vol. 1, September 2013.

Thirawat N. , Udompo S. , Ponjan P. , "Disaster Risk Reduction and International Catastrophe Risk Insurance Facility", *Mitigation and Adaption Strategies for Global Change*, No. 22, 2017.

Timmerman P. , *Vulnerability, Resilience and the Collapse of Society: A Review of Models and Possible Climatic Applications*, Toronto, Canada: Institute for Environmental Studies, University of Toronto, 1981.

Tong T. , Shaw R. , Takeuchi Y. , "Climate Disaster Resilience of the Education Sector in Thua Thien Hue Province, Central Vietnam", *Natural Hazards*, Vol. 63, No. 2, 2012.

Townshend I. , Awosoga O. , Kulig J. , et al. , "Social Cohesion and Resilience Across Communities that Have Experienced a Disaster", *Nat. Hazards*, Vol. 76, No. 2, 2015.

Tributsch H. , *When the Snakes Awake: Animals and Earthquake Prediction*, Cambridge, Massah'usetts: MIT Press, 1982.

Udry C. , "Risk and Saving in Northern Nigeria", *American Economic Review*, Vol. 85, No. 5, December 1995.

Wang M. , ShenZ. K. , "Present-Day Crustal Deformation of Continental ChinaDerived From GPS and Its Tectonic Implications", *Journal of Geophysical Research: Solid Earth*, Vol. 125, No. 2, 2020.

Wei B. , Yan L. , Jiang L. Z. , et al. , "Errors of Structural Seismic Responses Caused by Frequency Filtering Based on Seismic Wave Synthesis", *Soil Dynamics and Earthquake Engineering*, Vol. 149, October 2021.

Wilhite D. A. , Sivakumar M. V. K. , Pulwarty R. , "Managing Drought Risk in A Changing Climate: The Role of National Drought Policy", *Weather and Climate Extremes*, Vol. 3, June 2014.

William J. , "Risk Analysis and Management in an Uncertain World",

Risk Analysis, No. 4, 2012.

Wu Z., Ma T., Jiang H., "Multi-scale Seismic Hazard and Risk in The China Mainland with Implication for The Preparedness, Mitigation, and Management of Earthquake Disasters: An overview", *Changsheng Jiang International Journal of Disaster Risk Reduction*, Vol. 4, March 2013.

Yates J. F., Stone E. R., *Risk Appraisal and Risk Taking Behavior*, New York: John Wiley and Sons Ltd., 1992.

Yousefzadeh M., Hosseini S. A., Farnaghi M., "Spatiotemporally Explicit Earthquake Prediction Using Deep Neural Network", *Soil Dynamics and Earthqua-Ke Engineering*, Vol. 144, May 2021.

Yousuf M., Bukhari S. K., Bhat G. R., et al., "Understanding and Managing Earthquake Hazard Visa Viz Disaster Mitigation Strategies in Kashmir Valley, NW Himalaya", *Progress in Disaster Science*, Vol. 5, 2020.

Yu H., Luo Y., Zheng Z. J., et al., "Research on the Distribution Characteristics of Secondary Geological Disasters Induced by 5 · 12 Earthquake in Wenchuan County Based on RS and GIS", *Proceedings of SPIE-The International Society for Optical Engineering*, Vol. 8009, 2011.

Zhang M, Qiao X, Seyler B. C., et al., "Brief Communication: Appropriate Messaging is Critical for Effective Earthquake Early Warning Systems", *Natural Hazards and Earth System Sciences*, February 2021.

Zheng X. F., Yao Z. X., Liang J. H., et al., "The Role Played and Opportunities Provided by IGP DMC of China National Seismic Network in Wenchuan Earthquake Disaster Relief and Researches", *Bulletin of the Seismological Society of America*, Vol. 100, No. 5B, November 2010.